中国大科学装置出版工程

THE SKY EYE

FIVE-HUNDRED-METER APERTURE SPHERICAL RADIO TELESCOPE (FAST)

观天巨眼

五百米口径球面射电望远镜（FAST）

南仁东 主编

浙江出版联合集团
浙江教育出版社·杭州

本书编委会

主　　编：南仁东

编　　委：严　俊　郑晓年　彭　勃　张蜀新　王启明
李　药　姜　鹏　李　颀　盘　军　王　宜
杨世模

编写人员：张海燕　钱　磊　孙才红　张承民　蔡文静
周爱英　金乘进　肖　莉　于东俊　赵　清
朱博勤　朱文白　朱丽春　朱　明　宋立强
吴明长　赵保庆　朱　明　潘高峰　李　辉
姚　蕊　岳友岭　张　博　陈如荣　刘博洋
杨　丽　刘　娜　谢嘉彤　朱　岩　刘鸿飞
高智胜

总　序

新一轮科技革命正蓬勃兴起，能否洞察科技发展的未来趋势，能否把握科技创新带来的发展机遇，将直接影响国家的兴衰。21世纪，中国面对重大发展机遇，正处在实施创新驱动发展战略、建设创新型国家、全面建成小康社会的关键时期和攻坚阶段。

科技创新、科学普及是实现国家创新发展的两翼。科学普及关乎大众的科技文化素养和经济社会发展，科学普及对创新驱动发展战略具有重大实践意义。当代科学普及更加重视公众的体验性参与。“公众”包括各方面社会群体，除科研机构和部门外，政府和企业中的决策及管理者、媒体工作者、各类创业者、科技成果用户等都在其中。任何一个群体的科学素质相对落后，都将成为创新驱动发展的“短板”。补齐“短板”，对于提升人力资源质量，推动“大众创业、万众创新”，助力创新型国家建设和全面建成小康社会，具有重要的战略意义。

科技工作者是科学技术知识的主要创造者，肩负着科学普及的使命与责任。作为国家战略科技力量，中国科学院始终把科学普及当作自己的重要使命，将其置于与科技创新同等重要的位置，并作为“率先行动”计划的重要举措。中国科学院拥有丰富的高端科技资源，包括以院士为代表的高水平专家队伍，以大科学工程为代表的高水平科研设施和成果，以国家科研科普基地为代表的高水平科普基地等。依托这些资源，中国科学院组织实施“高端科研资源科普化”计划，通过将科研资源转化为科普设施、科普产品、科普人才，普惠亿万公众。同时，中国科学院启动了“科学与中国”科学教育计划，力图将“高端科研资源科普化”的成果有效地服务于面向公众的科学教育，更有效地促进科教融合。

科学普及既要求传播科学知识、科学方法和科学精神，提高全民科学素养，又要求营造科学文化氛围，让科技创新引领社会持续健康发展。基于此，中国科学院联合浙江教育出版社启动了中国科学院“科学文化工程”——以中国科学院研究成果与专家团队为依托，以全面提升中国公民科学文化素养、服务科教兴国战略为目标的大型科学文化传播工程。按照受众不同，该工程分为“青少年科学教育”与“公民科学素养”两大系列，分别面向青少年群体和广大社会公众。

“青少年科学教育”系列，旨在以前沿科学研究成果为基础，打造代表国家水平、服务我国青少年科学教育的系列出版物，激发青少年学习科学的兴趣，帮助青少年了解基本的科研方法，引导青少年形成理性的科学思维。

“公民科学素养”系列，旨在帮助公民理解基本科学观点、理解科学方法、理解科学的社会意义，鼓励公民积极参与科学事务，从而不断提高公民自觉运用科学指导生产和生活的能力，进而促进效率提升与社会和谐。

未来一段时间内，中国科学院“科学文化工程”各系列图书将陆续面世。希望这些图书能够获得广大读者的接纳和认可，也希望通过中国科学院广大科技工作者的通力协作，使更多钱学森、华罗庚、陈景润、蒋筑英式的“科学偶像”为公众所熟悉，使求真精神、理性思维和科学道德得以充分弘扬，使科技工作者敢于探索、勇于创新的精神薪火永传。

中国科学院院长、党组书记 白春礼

2015年12月17日

前　言

望远镜就是能将远方景物“拉近”到眼前，使人们能够看得清楚的一种仪器，普通的光学望远镜生活中经常能见到，通常由物镜、转向棱镜、目镜和镜筒构成，天文学家用天文望远镜来观测宇宙空间。1609 年，意大利科学家伽利略（Galileo Galilei）用他自制的望远镜第一次指向星空，这一开创性的伟大壮举，开启了天文学观测的新时代。

光和广播电视信号都是以光速传播的电磁波，区别只在波长。千百年来人类只是通过可见光波段观测宇宙，而实际上天体的辐射覆盖整个电磁波段。1931 年，卡尔·央斯基（Karl Jansky）意外发现了来自银河中心的电磁辐射，这为天文学翻开了新篇章，射电天文学诞生。这一新兴学科贡献了20世纪四大天文发现——类星体、脉冲星、星际分子和3K宇宙背景辐射，成为天文学重大发现的摇篮。来自太空的无线电信号极其微弱，为了获得更多宇宙天体的无线电信号，需要尽可能大口径的射电望远镜。但是由于镜身重力和风力等因素引起形变的限制，传统的可跟踪式望远镜最大口径只能做到100米左右。

25年前，中国一批怀有大射电望远镜梦想的天文学家就开始构想把

“大射电望远镜”建在中国。一年之后的1994年，成立了大射电望远镜中国推进委员会——这是当时，乃至现在都很少有人知道的一个执着的团队。而正是这个鲜为人知的委员会，将来自全国的20多家高校和科研院所的100多位专家聚集起来，完成了大射电望远镜关键性技术的可行性研究，并提出了我国独立建造一架世界最大单口径球面望远镜创新方案的初步设想。接踵而至的是选址地实地考察、关键技术的突破、方案设计、缩比模型的建设与验收等，最终他们提出了清晰的“500米口径球面射电望远镜(Five-hundred-meter Aperture Spherical radio Telescope，FAST)”计划。在不断推进的过程中，FAST终于在2007年立项。

500米口径球面射电望远镜工程是国家“十一五”重大科技基础设施建设项目，该项目是利用贵州天然喀斯特洼地作为望远镜台址，建造世界第一大单口径射电望远镜——500米口径球冠状主动反射面射电望远镜，以实现大天区面积、高精度的天文观测。望远镜坐落于贵州省黔南布依族苗族自治州平塘县克度镇金科村大窝凼洼地，于2011年3月25日开工建设，2016年9月25日落成启用。FAST被誉为“中国天眼”，是具有我国自主知识产权的大科学装置，由中国科学家创新设计、研发制造、组织施工，是目前世界上最大、最灵敏的单口径射电望远镜。

在FAST建设的五年半时间里，先后有数千名工程技术和科研人员、工人以及管理人员投入到紧张、有序和巧妙的大射电望远镜建设中。他们在大窝凼艰苦的环境里，克服了场地、天气等困难，设计实施了一个又一个巧妙的施工工艺，使FAST工程一步步实现。在这个过程中，有多达20多家的主要施工单位先后完成了台址开挖，圈梁、索网、面板、促动器和馈源支撑塔、索驱动、舱停靠平台、综合布线和电磁兼容等系统工程，FAST在大窝凼这个深山沟里从无到有的建设过程，堪称是一个工程奇迹。

本书系南仁东先生生前组织FAST工程团队编写的一本科普读物，编写团队力图以通俗的语言使人们了解FAST是什么，能做什么，为什么建造，以及如何一步步实现。FAST是人类探索宇宙的利器，它为科学新发现提供了前所未有的机遇。如果通过本书能够吸引更多的人了解天文、热爱天文，那么本书的出版将变得更有意义。

感谢浙江教育出版社的编辑们从本书策划到定稿过程中提出的诸多宝贵意见，感谢为本书策划、编写、定稿、印刷做出贡献的所有同事。

最后，谨将本书献给我们尊敬的南仁东先生。

FAST工程经理　严　俊

2018年12月

春雨催醒期待的嫩绿
夏露折射万物的欢歌
秋风编织七色锦缎
冬日下生命乐章延续着它的优雅
大窝凼时刻让我们发现　给我们惊奇
感官安宁　万籁无声
美丽的宇宙太空以它的神秘和绚丽
召唤我们踏过平庸
进入它无垠的广袤

——南仁东

目录 CONTENTS

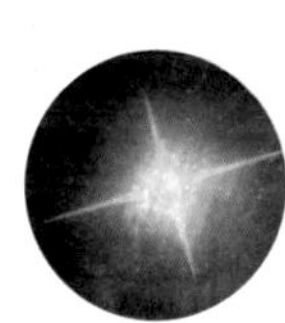

人类仰望上苍时，总是在想：我们是谁？我们从哪里来？我们是否孤独？……在茫茫宇宙中，是否还存在着其他的文明社会呢？千百年来，人类只是通过可见光波段观测宇宙，而实际天体的辐射覆盖了整个电磁波段。射电天文学观测的是来自宇宙的无线电信号，为了获得更多宇宙天体的信息，需要将射电望远镜的口径设计得尽可能大。在神秘而深邃的星空下，FAST就像一只望向太空的眼睛，带我们去探索宇宙的奥秘。

上海天马射电望远镜，2012 年建成，口径 65 米，是亚洲最大、全可动射电望远镜。

1 射电天文学

广播电视的无线电信号和我们熟知的可见光都是电磁波，都以光速传播，区别在于波长。通常我们把来自宇宙天体的无线电波称为射电波。不同天体的辐射覆盖整个电磁波段，从低频射电一直到高能X射线和伽马射线（X射线和伽马射线在日常生活中也有应用，例如安检仪和CT成像）。

地球大气为人类观测宇宙开放了两个窗口频段，即可见光和射电波。窗口频段之外的辐射几乎被完全屏蔽，这些辐射需要在太空中才能被接收到。

知识链接

- **可见光观测** 可见光窗口的波长范围是380～780纳米，中心的黄绿光波长约570纳米，太阳在这一波长辐射最强，肉眼对于这一波长也最为敏感，生物学家用进化论解释这一巧合。地球大气对波长为毫米至几十米的电磁波也是透明的，这个大气窗口频段是在人类发明了无线电技术之后才被发现。千百年来，人类只通过可见光波段观测宇宙，对天体辐射的性质只是一孔之见。

1931年，在美国新泽西州的贝尔实验室里，负责专门搜索和鉴别电话干扰信号的美国人卡尔·央斯基发现：有一种每隔23小时56分04秒出现最大值的无线电干扰。经过一年多的精确测量和

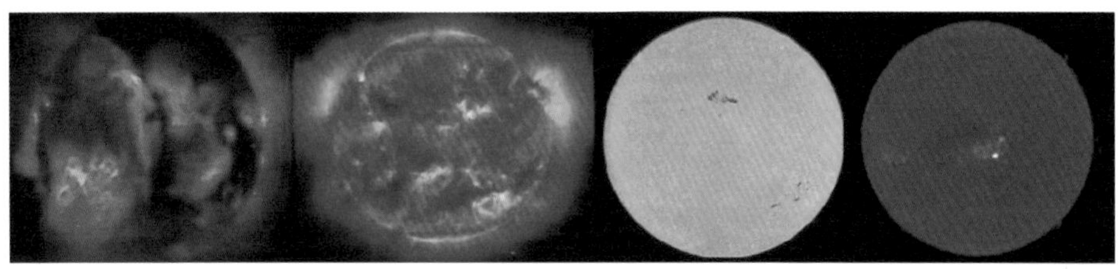

图 1–1 不同电磁波段拍摄到的太阳图像：由左至右是X射线、紫外线、可见光、射电

周密分析，1932年，他正式确认这种规律的无线电干扰是来自地球大气之外、银河系中心人马座方向发射的一种射电辐射。于是，人类第一次捕捉到来自太空的无线电波，天文学从此翻开了新的一页，人们开始通过射电波观测研究星体和宇宙——射电天文学由此诞生。央斯基于1933年在《自然》（*Nature*）杂志上公开了自己的发现。当时他使用的是长30.5米、高3.66米的旋转天线阵，在14.6米波长取得了30度宽的“扇形”方向束。

射电天文学贡献了20世纪4个激动人心的天文发现：脉冲星，发现了理论预测的中子星；类星体，有类似恒星的小角径，发出超过整个星系的光，显示了星系中心黑洞剧烈的活动过程；星际分子，改写了人类对星际介质中复杂分子的认识；3K宇宙微波背景辐射，为大爆炸宇宙模型提供了观测证据。射电天文观测成就了6项诺贝尔物理学奖，成为新思想、新发现的摇篮，丰富的科学产出深刻地影响了人类对自然的认识。

由于工业技术的发展，特别是电子学和计算机等高新技术的进步，加上在天文科学研究、通信产业以及国家安全需求的推动下，射电天文探测能力发展到了前所未有的水平。其相对带宽（频带带宽与通道宽度之比）超过10000；其分辨率，也就是观测天体细节的能力（分辨率越高，所能分辨的角度越小），比所有其他波段至少高出3个数量级；其探测极限（探测暗弱天体的能力）为0.000 000 000 000 000 000 000 000 000 001（1×10^{-30}）瓦/（赫兹·平方米）。射电天文学之所以需要这么高的观测能力，是由于天体太过遥远和暗弱。据估计，70多年来，全世界射电望远镜接收的天体辐射能量还不够翻动一页书。因此，阅读宇宙天书需要巨大口径的射电天文望远镜。

2 射电望远镜

天文学是一门观测科学。望远镜是一种能将远方景物“拉近”到眼前，使人们能够看清楚的仪器。普通的光学望远镜生活中经常能见到，通常由物镜、转向棱镜、目镜和镜筒构成。天文学家用望远镜来观测宇宙空间。1609年，意大利科学家伽利略用他自制的32倍望远镜指向星空时，才第一次揭开宇宙的神秘面纱。光学天文望远镜使人们可以通过可见光波段观测距地球十分遥远的太阳、月亮、恒星、流星和彗星等。然而，天文学家不满足于光学天文望远镜，并将目光转向射电天文望远镜。

随着射电天文学的发展，天文学家开始使用射电天文望远镜观测天体。与光学望远镜不同，单天线射电望远镜既没有高高竖起的望远镜镜筒，也没有物镜、目镜，它主要由三个部分构成：反射面——用来汇聚天体辐射的电磁波，就像汇聚光线的凹面镜；接收机——用来接收反射面汇聚的电磁波，就像接收无线电信号的收音机；指向跟踪装置——用来将望远镜指向天体并进行跟踪（消除地球自转的影响）。

射电天文望远镜观测的是来自天体的射电辐射。辐射究竟有什么特征？辐射的特征主要包括时域、频域的信息。时域特征包括辐射的强度、辐射强度随时间的变化等。频域特征包括辐射频谱（即辐射随频率的变化）、频谱随时间的变化等。

射电天文望远镜接收到的来自天体的辐射往往较人工信号弱。其接收到的天体射电辐射的流量一般以央斯基作为单位，1央斯基＝1×10^{-26}瓦/(赫兹·平方米)。对于流量强度为1央斯基的射

知识链接

• **天线的类型** 天线有多种类型，如早期收音机和电视机使用的阵子天线、卫星地面站用来与人造卫星通信的抛物面和反射面天线、雷达天线和手机内的天线等。上述天线几乎无一例外是用于与合作目标进行通信或对发射信号的回波进行探测。因此，根据其使用场合、信号特征就有了多样的设计。

电源，其辐射强度与将普通手机放置到离地面300～500千米的高度发射的信号强度相当，这个300～500千米的高度也是我国神舟飞船轨道舱的飞行高度。

射电望远镜技术的理论基础是经典电磁理论。从早期的静电和地磁现象，到1820年丹麦科学家奥斯特通过实验发现电流对磁针的作用，到安培总结了电流之间的相互作用的定律，再到法拉第发现电磁感应定律，科学研究的进展在电和磁这两种原本看似不相干的现象之间建立了紧密的联系。英国物理学家麦克斯韦在审视电和磁的相互作用的实验定律的基础上，构想了电磁作用的力学模型，引入了位移电流概念，并将位移电流作为和电荷守恒定律相容的前提，提出了联系着电荷、电流和电场、磁场的基本微分方程组。这一方程组经后人整理和改写，被称为麦克斯韦方程组。作为经典电磁理论的顶峰，麦克斯韦方程组预言了以光速传播的电磁波，并被后来的德国科学家赫兹通过实验证实。在经典电磁理论的框架下，可见光、紫外线、红外线、X射线、伽马射线和无线电波都是电磁波，只是各自的频率或波长不同。在电磁理论和后续的实验研究的引领下，无线电电子技术取得了迅速的发展。比较有代表性的成果是无线电通信、雷达和广播电视等。

无线电电子技术是人类历史上第一次以科学理论为指引而完成的技术革命，它在极大地提高了通信等技术能力的同时，也为天文学家观测天体打开了一个全新的窗口——电磁波谱。

“二战”后，部分雷达专家转而进行射电天文的研究。借助电子技术的发展，在射电天文望远镜诞生伊始，望远镜专家们即开始了不断提高其观测能力的探索。射电天文望远镜的性能提高主要有两个发展方向：其一是通过增加有效接收面积来提高观测灵敏度；其二是利用多个天线组成天线阵列，通过扩展单元天线的间距提高观测分辨率。

图1-2所示为德国艾弗尔斯贝格（Effelsberg）全可动射电望远镜，建成于1972年，抛物面直径（通常称口径）达100米，曾号称“地球表面最大的机器”。百米左右的口径是当今射电天文全可动望远镜的地面工程极限，由于镜身自重与风载荷（风对望远镜施加的力）引起的变形，更大口径的全可动望远镜不再为工程界所考虑。那么还有没有办法可以进一步增大反射面口径呢？美国康奈尔大学1963年建成了口径1000英尺（约305米）的阿雷西博（Arecibo）望远镜。科学家把球冠形反射面固定铺设在波多黎各境内的喀斯特洼地中，不能转动。在反射面上方千吨重的平台上，

图1-2 德国艾弗尔斯贝格全可动射电望远镜

图1-3 美国阿雷西博望远镜

通过接收机馈源舱的地平与俯仰运动，实现对天空中的一个带状区域内天体的跟踪观测。该望远镜被评为人类20世纪十大工程之首，排在阿波罗登月工程之前，曾作为好莱坞大片《黄金眼》的取景地之一。

单天线射电望远镜的反射面常常采用连续铺设的金属面板、金属网，或者面板与金属网相结合。它的探测极限与口径的平方成反比（口径越大，探测极限越小，也就是说能探测到更暗弱的天体），分辨率与口径成正比（口径越大，能看清的天体就越小），探测的宇宙空间体积、天体数目与口径的立方成正比。使用传统设计的单天线射电望远镜，造价大致与口径的立方成正比，但随着主动控制技术的发展，这一口径与造价关系正在被逐步打破。

从20世纪50年代开始，射电天文界开始研制干涉阵，发展综合孔径射电望远镜，将多个小口径单天线的接收信号通过电缆连接，传输至相关处理中心进行处理。这种望远镜的分辨能力正比于天线阵列延伸的尺度（基线长度），灵敏度则取决于全部单天线面积的总和。综合孔径射电望远镜非常适用于对天体进行高分辨率成像的观测。随着时频标准、信号处理、数据存储和计算机技术的发展，参与干涉观测的单天线之间不再受物理连接束缚，可以相隔千万里，甚至与在太空中的望远镜一起开展干涉观测。由于这种观测基线很长，所以得名甚长基线干涉（Very Long Baselin Interferometry，VLBI）。借助超长的基线，甚长基线干涉观测能分辨出天体的高清晰度细节。

世界上最著名的综合孔径射电阵列是美国国立射电天文台的甚大天线阵（Very Large Array，VLA）。它于1981年建成，包含27面口径25米的抛物面天线，在新墨西哥州广袤的荒漠上，排成最长基线为36千米巨大的字母“Y”形状。

现今世界上有很多大型射电望远镜阵列，如建在智利阿塔卡玛

图1-4 美国甚大天线阵

高原的大型毫米波天线阵（Atacama Large Millimeter Array，ALMA），建设中的平方千米阵（Square Kilometer Array，SKA）等。同样，有很多大型单天线正在运行、建设或者筹划，如正在运行的上海天马射电望远镜、美国绿岸射电望远镜，筹划中的新疆奇台110米射电望远镜等。它们各有自身的科学目标，综合性能难分伯仲。单天线射电望远镜在灵敏度和波段两个方面易于形成优势，有相对长的使用寿命，其科学特长在于发现。而射电望远镜阵列的优势在于对天体目标做精细成像。同时它们之间也没有清晰的边界，单口径是阵列望远镜的基本单元，阵列望远镜的相位阵观测模式和单口径有相似的数据结构。

阿塔卡玛大型毫米波天线阵是一个大型的国际合作毫米/亚毫米射电阵。阵列由64面12米天线组成，由欧洲南方天文台（European Southern Observatory，ESO）和美国国家射电天文台（National Radio Astronomy Observatory，NRAO）联合出资建造，并与加拿大国家研究委员会（National Research Council Canada，NRC）合作，智利政府提供土地无偿使用权。与之比邻的是日本国立天文台（National Astronomical Observatory of Japan，NAOJ）投资建造的阿塔卡玛紧凑天线阵（Atacama Compact Array，ACA），阵列由12面7米和4面12米的天线组成，此天线阵列作为阿塔卡玛大型毫米波天线阵的一个组成部分，提高了对扩展面源的检测能力。阿塔卡玛大型毫米波天线阵的最长基线达14千米，工作频率为30～950吉赫，分辨率可达10毫角秒，连续谱灵敏度为几个微央斯基。这些特性都使得阿塔卡玛大型毫米波天线阵成为无与伦比的冷宇宙成像与谱线观测设备。它的主要观测目标是气体尘埃云、行星等热发射天体的日—地尺度结构；原行星盘的运动学；银河系分子云的化学成分；光学活动星系核（Active Galactic Nuclei，AGN）与类星体的运动学；小行星、彗星和开普勒带天体的热成像；邻近巨星的光球结构；并合星系的化学构成、结构和气体动力学；远星系分子气体的成像及其动力学。和其他射电天文设备相比，阿塔卡玛大型毫米波天线阵更多地关注热发射、天体化学和宇宙生命环境这几个方面。

平方千米阵是一个多国合作的巨型射电望远镜计划。1991年开始酝酿，1993年，京都国际无线电科学联合会（Union Radio-

图1-5 位于智利的阿塔卡玛大型毫米波天线阵

Scientifigue Internationale，URSI）正式提议并随即成立工作小组，以协调国际合作研究。2006年，科学家对不同的单元台站技术概念进行了初步选择，并确定了两个候选台址。SKA由几百个等效口径100～200米的台站组成，总的接收面积约1平方千米。50%的接收面积集中在5千米中心区，以提高低亮度面源的监测能力，最长基线在3000千米以上，以满足恒星、星际介质和远星系的高分辨率需要。它的工作频段为100兆赫～25吉赫，根据目前的概念研究，估计要3个阵列来实现这样一个频率覆盖：由电扫描的平面相位阵（Phased Array Feed）建设低频阵，中频与高频都使用小口径全可动天线，并分别配置焦面阵（Focal Plane Arrays）馈源和宽带馈源。SKA需要大视场以提高巡视效率，在L波段半功宽视场要求1平方度，低频为200平方度。廉价的小天线技术和新型馈源的开发是SKA的关键。

图1-6 平方千米阵效果图

上海天马射电望远镜，口径65米，2009年2月项目正式启动，2012年建成。该射电望远镜采用修正型卡塞格伦反射面天线，主反射面直径为65米，焦径比为0.32，副反射面直径为6.5

图1-7 上海天马射电望远镜

米。其主反射面面积约3780平方米，相当于9个标准篮球场大小，犹如一只巨大的“耳朵”能清楚地“听”到来自宇宙深处微弱的射电信号。上海65米射电望远镜可以在水平方向转动360度以上以指向不同的方位，而在仰角方向可以变化约90度。它是亚洲最大、全可动的大型射电望远镜。这架望远镜不仅可以很好地执行探月二期和三期工程的甚长基线干涉测量测轨和定位，以及今后我国各项深空探测任务，还可以在天文学研究中发挥重要的作用。

美国绿岸射电望远镜（Green Bank Telescope，GBT）是100米单口径望远镜，实际口径是100米×110米，总质量为7300吨，是目前国际上最大的全可动射电望远镜。主镜的虚拟旋转抛物面为208米，从距离旋转中心4米处切割，二次面吊在边缘伸出的悬臂上，由于偏馈照明，电磁波直接到达全镜面不受馈源支撑的遮挡，提高了望远镜效率，同时避免了结构散射。它有2000块面板单元，每块四角装有促动器。望远镜结构之间和地面都装有激光测量设备，用来实时监测系统由镜身自重、风荷以及温度引起的形变，并反馈至促动器实现补偿。

绿岸射电望远镜于2000年“开光”，2003年正式运行，望远镜目前的工作频段在290兆赫～52吉赫，预期未来可升至95吉赫。为了保证望远镜的使用寿命，科学家们已经建立了国家电波环境安静区。

自绿岸射电望远镜正式运行以来，已经在脉冲星和星际化学等方面有了一流的科学产出。它参与唯一的双脉冲星 PSR J0737- 3039AB 监测，在球状星团中发现了 21 颗毫秒级脉冲星，在银河系中心处发现了巨大的射电瓣，与阿雷西博望远镜合作发现了月极水冰的可能痕迹，在银河系中心发现了2种新的星际分子。

图1-8 美国绿岸射电望远镜

中国的FAST是目前世界上口径最大的单天线射电望远镜，其优势是巨大的接收面积。当然，FAST也将和其他天线一起组成天线阵列，提高阵列的观测灵敏度。

知识链接

• **FAST的寿命有多长** 世界各国的射电望远镜绝大多数都超期服役，如美国阿雷西博望远镜就已服役了50多年。FAST的设计寿命是30年，设计寿命到期后，经过一些改造升级还可以继续使用。

3 为什么要建大口径射电望远镜

很多技术指标随时间按指数函数提高。例如，根据大规模半导体芯片进步的摩尔（Moore）定律，计算机综合计算能力每18个月翻一倍。描绘射电望远镜灵敏度进步的利文斯顿（Living Stone）曲线表明，从1940年开始，灵敏度按指数增长，至2000年提高了约100000倍，每3年翻一倍。

大口径望远镜的建设不是经济利益驱动的，它来源于人类的创造冲动和探索欲望，主要是为了解决天文学前沿热点问题。它们的建成和运行总是伴随发现和突破。英国乔德雷尔·班克（Jodrell Bank）天文台的76.2米洛维尔（Lovell）射电望远镜发现了引力透镜；澳大利亚的64米帕克斯（Parkes）射电望远镜发现了类星体；荷兰的综合孔径望远镜（Westerbork Synthesis

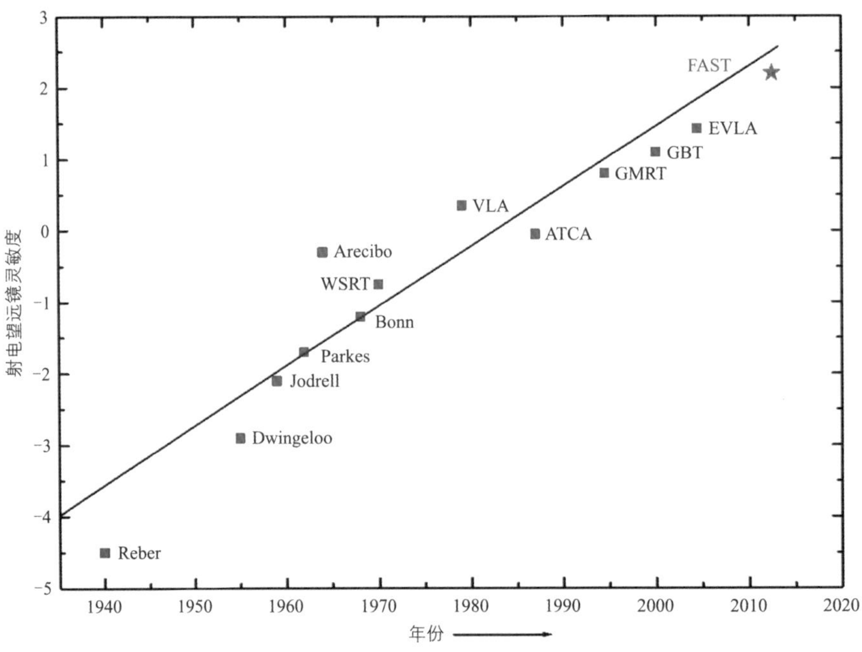

图1-9 射电望远镜灵敏度发展曲线

Radio Telescope，WSRT）发现了最大的射电星系；美国甚大天线阵首次看到在光学波段被尘埃遮蔽的银河系中心；阿雷西博望远镜发现脉冲双星，为引力波的存在提供了证据。一般来说，更大的望远镜有更高的科学产出，也往往能够发现更多新的天体，看到更遥远的宇宙景象。

当然，凡事无绝对。新的天文发现离不开好的设备，同样也需要科学家的机敏和洞察力，也许还要有好运气。但是，大口径望远镜能检测暗弱的天体、捕捉瞬变现象、探测更深远的宇宙空间。大口径望远镜能为研究提供更多更好的观测统计样本，以发现和完善规律；搜寻更多的奇异天体，为科学发展提供突破机会。科学预测是有风险的，当年哥伦布得到“课题经费”，组建巨大船队，得到的回报是满船的金银香料还有一片新大陆。伊莎贝拉女王不知道，哥伦布也不知道有个新大陆，伊莎贝拉女王是聪慧贤德的，她知道大船能远航。按利文斯顿曲线预测，在当下这个十年，应该有一个大约500米口径探测能力的射电望远镜，FAST的诞生正与预测相符，这是发展的趋势。

知识链接

FAST是最大的射电望远镜吗 FAST是世界最大的单口径球面射电望远镜，但并不是最大的射电望远镜。世界最大的射电望远镜是俄罗斯的RATAN-600射电望远镜，位于海拔2100米的北高加索地区，口径605米。RATAN-600是一个十分罕见的带形射电望远镜。

500米口径球面射电望远镜，简称FAST，被誉为“中国天眼”，是世界最大、最灵敏的单口径射电望远镜。FAST坐落于贵州省黔南布依族苗族自治州平塘县的一个喀斯特洼坑中。其主要建设内容包括台址勘察与开挖、主动反射面、馈源支撑、测量与控制、接收机和终端、观测基地六大部分。FAST将实现大天区面积、高精度的天文观测。

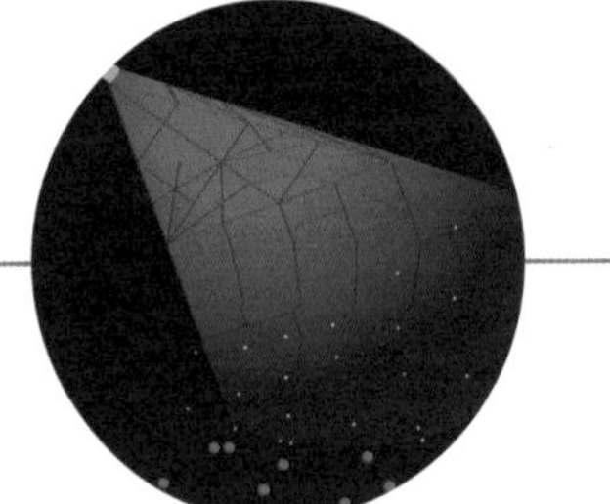

“中国天眼”的晶状体——会动的反射面。

FAST工程是国家“十一五”重大科技基础设施建设项目，该项目利用贵州天然喀斯特洼地作为望远镜台址，建造世界第一大单口径射电望远镜——500米口径球面射电望远镜，以实现大天区面积、高精度的天文观测。中国科学院为项目建设主管部门，贵州省人民政府为共建部门，中国科学院国家天文台为建设法人单位。FAST坐落于贵州省黔南布依族苗族自治州平塘县克度镇金科村大窝凼洼地，望远镜于2011年3月25日开工建设，2016年9月25日竣工、落成启用。FAST是具有我国自主知识产权、世界最大单口径、最灵敏的射电望远镜。

FAST由中国科学家创新设计、研发制造、组织施工。工程的主要建设目标是：在贵州喀斯特洼地内铺设口径为500米的球冠形主动反射面，通过主动变形控制在观测方向形成300米口径瞬时抛物面；采用光机电一体化的索支撑轻型馈源平台，加之馈源舱内的二次调整装置，在馈源与反射面之间无刚性连接的情况下，实现高精度的指向跟踪；在馈源舱内配置覆盖频率70兆赫～3吉赫的多波段、多波束馈源和接收机系统；针对FAST科学目标发展不同用途的终端设备；建造世界一流水平的天文观测台站。

在设计和建造过程中，FAST工程实现了三项自主创新：一是利用贵州天然的喀斯特洼坑作为台址；二是洼坑内铺设数千块单元组成500米球冠状主动反射面，球冠反射面在射电源方向形成300米口径瞬时抛物面，使望远镜接收机能与传统抛物面天线一样处在焦点上；三是采用轻型索拖动机构和并联机器人，实现接收机的高精度定位。

1 FAST可以做什么

FAST的科学目标涵盖广泛的天文学内容：宇宙初始浑浊、暗物质暗能量与大尺度结构、星系与银河系的演化、恒星类天体，乃至太阳系行星与邻近空间。FAST拟回答的科学问题不仅是关于天文的，还是关于人类与自然的，它潜在的科学产出，我们今天还难以预测。

宇宙灯塔——脉冲星搜索与脉冲星计时观测

在半个世纪之前，脉冲星的发现堪称射电天文学最伟大的成就之一。1967年，剑桥大学的研究生乔斯林·贝尔（Jocelyn Bell）在导师安东尼·休伊什（Anthony Hewish）的指导下，为了搜索行星际闪烁导致的小直径辐射源准周期光变而开展射电观测。她意外发现了一个具有1.33秒的稳定周期，但单个脉冲宽度只持续0.04秒的射电源。当时的天文学

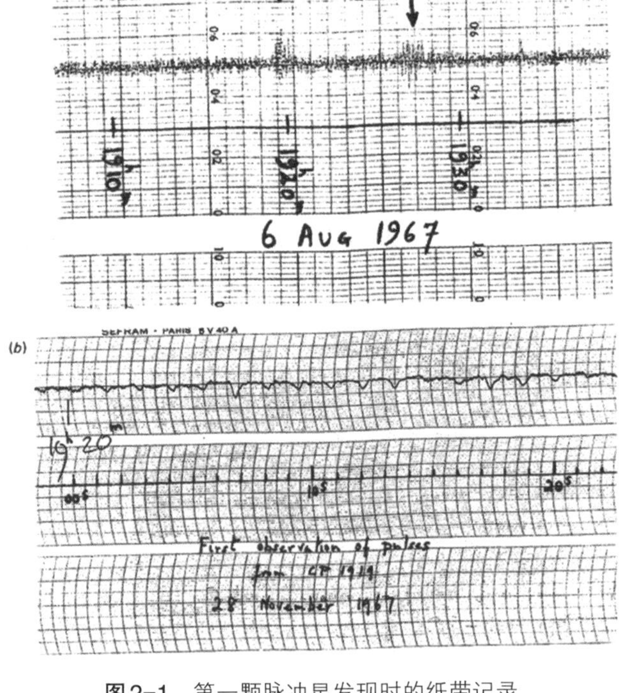

图2-1 第一颗脉冲星发现时的纸带记录

图片来源：Lyne & Graham-Smith, 2012

家对这个射电源的属性并不了解。所以，她一度认为这是人工信号干扰，甚至大胆猜测这是地外文明向地球发送的信号。

次年，休伊什等人最终确定，这个脉冲射电源应该是太阳系外快速旋转的致密天体，特别是中子星。这类射电源的名称“脉冲星”也在1968年正式面世。

图2-2显示的是FAST望远镜在测试期间记录下的第一颗脉冲星的多波段脉冲频率—相位图，从下到上频率由低到高，脉冲到达时间也越来越早。这次观测的信噪比高达5000以上，足见这台望远镜的超高灵敏度。

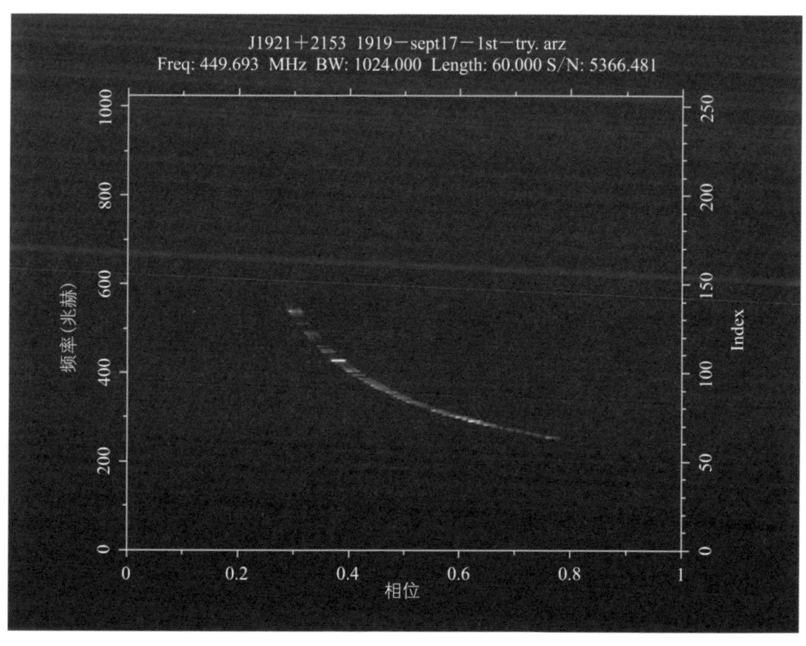

图2-2 FAST记录的第一颗脉冲星的多波段脉冲频率—相位图

中子星是大质量恒星（8～25倍太阳质量）耗尽中央区域的核聚变燃料，并作为超新星爆发了结一生之时的产物。爆发期间，恒星外部包层向外抛出，与星际介质相互作用产生了超新星遗迹，而星体核心却因为失去了核反应提供的外向压力，在引力作用下向内坍缩。对于质量大于太阳8倍的恒星而言，它们的中心质量超过了允许白矮星稳定存在的上限——约合太阳质量1.4倍的钱德拉塞卡极限，因此电子简并压已经不足以平衡自身引力，星体核心会进一步收缩为更加致密的中子星。中子星的直径只有数十千米，其横截面积相当于一座城市的大小，总质量却与太阳质量处在同一数量级，所以它们的密度极高，每立方厘米达到了亿吨级，乒乓球大小的中子星物质几乎与地球上的整座山脉质量相当。在诞生之初，因为中子星保留了前身恒星的大部分角动量，但尺度缩小了很多，所以星体通常具有较快的自转，短暂的脉冲周期就直接反映了星体的自转周期。同时，又由于磁通量守恒，星体坍缩后表面积大大减小，磁场也随之猛增。中子星的典型磁场可以达到10^{12}高斯，甚至更高，而地球的磁场只有1高斯左右，太阳活动区磁场的典型强度也不过是数千高斯而已。

知识链接

钱德拉塞卡极限 无自转恒星以电子简并压阻挡重力坍缩所能承受的最大质量，这个值大约为1.4个太阳质量。质量小于此极限的恒星，坍缩受电子简并压限制，形成白矮星。质量高于此极限的恒星，会继续坍缩，变成中子星或黑洞。

电子简并压 泡利不相容原理不允许两个半整数自旋费米子同时占有相同的量子态而产生的一种量子简并压力。

贝尔及其导师的这项发现，从观测上填补了人们对恒星（特别是大质量恒星）生命周期认识的空白，具有深远的理论意义。也正因为如此，休伊什因脉冲星的相关工作而获得1974年的诺贝

图2-3 中子星与纽约曼哈顿的大小比较

相比之下，太阳这样的中小质量恒星在生命终结时只会悄然形成尺度与地球相当的白矮星。图片来源：NASA/Goddard Space Flight Center

尔物理学奖，只可惜这类天体真正的发现者贝尔却与该奖项无缘。

不过并非所有的中子星都能够以脉冲星的面目示人。要想让望远镜接收到脉冲，必须满足的条件是：星体的辐射束要周期性地扫过地球。按照现在通行的理论，这种辐射束从中子星磁场的极冠区域发出，由星体的转动能量驱动。中子星的磁轴与自转轴往往不会完全重合，而是存在一个交角，辐射束绕自转轴转动，扫过地球时即产生我们接收到的脉冲轮廓，这就是所谓的脉冲星的灯塔模型。而随着辐射能的释放，中子星的自转也日益减

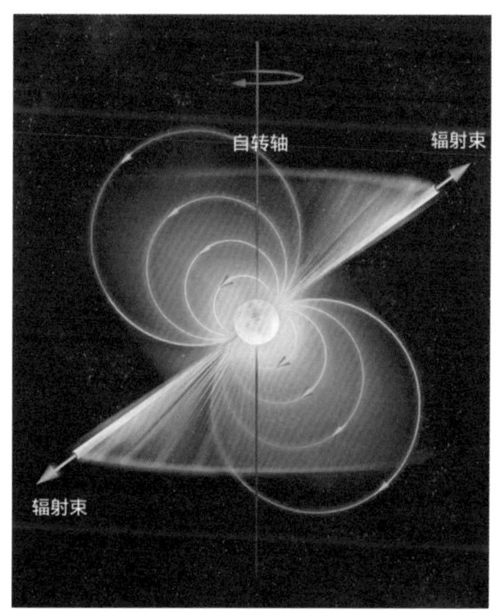

图2-4 脉冲星的结构

图中蓝色部分表示磁感线，黄色部分表示辐射束，红线表示星体自转轴。图片来源：Bill Saxton, NRAO/AUI/NSF

图2-5 蟹状星云（M1）的外观

它是1054年的天关客星爆发留下的遗迹，其中心的脉冲星是天空中最明亮的射电源之一，也是迄今唯一一颗可以确定准确年龄的脉冲星。这次超新星爆发在北半球，多国均有记载，尤以我国宋代的记录最为详尽。图片来源：ESO

慢，最终辐射束光度会降低到望远镜的探测阈值以下。这样看来，孤立的中子星只有在年轻时代才有可能被我们观察到，它们作为脉冲星存在的年限不过百万年，与恒星演化的周期相比是算不上太久的。

根据估计，银河系中的脉冲星总数可能达到10万颗左右，但目前记录在案的只有2700余颗。这中间的绝大多数都属于射电脉冲星，另有两百多颗脉冲星会发出X射线、伽马射线，这中间的一小部分只有高能脉冲而射电暗弱，而光学脉冲星已知不超过20颗。只有如蟹状星云中心的脉冲星等个例才会发出全波段的脉冲。因此要想搜索更多的脉冲星，并对已知脉冲星进行长时间监测，主要还是依靠射电天文观测，其相关的课题也都属于FAST望远镜全面启用后的重要科学研究目标。

搜索新的脉冲星，并对已知脉冲星进行持续的监测，意义何在？这个问题要从多方面来回答。首先是这类天体密度极高，又具有极强的磁场和引力场，这为研究者提供了探讨极端物态、高能天体物理过程以及相对论效应的绝佳天然实验室。目前已经发现的脉冲星自转周期最短为1.39毫秒，如果未来能够找到亚毫秒脉冲星，将对脉冲星作为夸克星的假说带来强有力的支持。而如果找不到亚毫秒脉冲星，却发现了更多自转周期在1毫秒以上的脉冲星，通过分析它们的周期分布规律，也可以在很大程度上约束极端条件下物态的理论。

此外，脉冲星由于密度高、体积小，因此具有较强的引力场，这为方兴未艾的引力波探测提供了优良的平台。引力波是爱因斯坦广义相对论预言的时空涟漪，其经受的第一次间接检验就是借助脉冲双星PSR B1913＋16来完成的，这个双星系统的发现者罗素·赫尔斯（Russell Hulse）和约瑟夫·泰勒（Joseph Taylor）也因此荣获1993年的诺贝尔物理学奖。根据相对论，在脉冲双星彼此绕转的时候，部分轨道能量会以引力波的形式辐射出去，带来的结果就是轨道收缩。观测表明，这对双星数十年间的轨道变迁与理论预言完全吻合。随后发现的更多脉冲双星系统，尤其是双脉冲星PSR J0737－3039的演化，也都得出了同样的结论。而为了更充分地利用轨道收缩来检验相对论，双星系统的数量当然是多多益善。

利用脉冲双星的轨道收缩验证引力波的前提是对脉冲到达地球的时间进行精确测量，从而揭示出微小的轨道变化——脉冲双星PSR B1913＋16多年来的轨道变化只以厘米计算，其他系统也大都如此。好在脉冲星转动惯量大、自转非常稳定、周期变化较为规律，从而具备极好的守时特性，让高精度观测成为可能。对于不存在伴星的孤立脉冲星，精确计时的另一个用途就是直接探测引力波——用遍布全天的大量脉冲星组成计时阵（pulsar timing array），通过比较各颗星的脉冲到达时间相对标准值的微小而规律的相关性变化，来找寻弥漫在宇宙中的时空扰动，也就是引力波信号。这是因为引力波会导致时空本身的张弛，在它经过地球的时候，地球相对远方脉冲星的距离也就发生了微弱的改变，此时相对论的预言值，脉冲的到达时间出现纳秒量级的差异。这种技术适宜寻找大质量双黑洞相互绕转等过程产生的低频（10^{-9}至10^{-6}赫兹）引力波，而这是激光干涉引力波天文台（LIGO）、欧洲室女座引力波天文台（VIRGO）等地面引力波探测器，甚至是未来的空间引力波探测器（LISA）也无能为力的频段。当前规模最大的脉冲星计时阵由数十颗毫秒脉冲星组成，尚未获得确切的引力波信号的结果，但给出的引力波背景上限已然优于普朗克卫星等其他手段。如果能够扩展阵列的规模，或者提升测量灵敏度且进一步延长观测时间，我们有望在不久的将来开启引力波探测的新窗口，经由脉冲星来一窥遥远星系中央特大质量黑洞的生与灭。

图2-6 引力波泛起的时空涟漪影响脉冲星信号传播过程

图片来源：David Champion，Max Planck Institute for Radio Astronomy

知识链接

引力波探测 2017年8月17日，激光干涉引力波天文台、欧洲室女座引力波天文台在4000万秒差距（1.3亿光年）以外的NGC 4993星系内首次探测到了两颗中子星的合并，此合并事件被命名为GW170817。此次事件不仅产生了引力波辐射，还出现了电磁辐射，而且在该事件结束两秒后发生了一次伽马射线暴。双中子星合并与黑洞合并事件的不同是：由黑洞合并引发的引力波信号持续时间很短，通常只有一秒甚至更短。但中子星合并引发的信号可能持续一分钟，这是因为中子星的质量比黑洞要小，合并而产生的引力波强度也较低，因此，中子星的轨道衰减和相互融合需要花费更长的时间。更长的持续时间让研究人员能够对爱因斯坦的广义相对论进行更精确的检验，同时也可能为中子星的起源提供更多线索。短伽马射线暴的观测本身也具有重要的意义，它与引力波的关联被证实了数十年。此外，双中子星合并的发现开辟了多信使天文学的新篇章。

2017年度诺贝尔物理学奖授予美国麻省理工学院教授雷纳·韦斯（Rainer Weiss）、加州理工学院教授基普·S.索恩（Kip Stephen Thorne）和巴里·C.巴里什（Barry Clark Barish），以表彰他们构思和设计了激光干涉仪引力波天文台，并对直接探测引力波做出了杰出贡献。

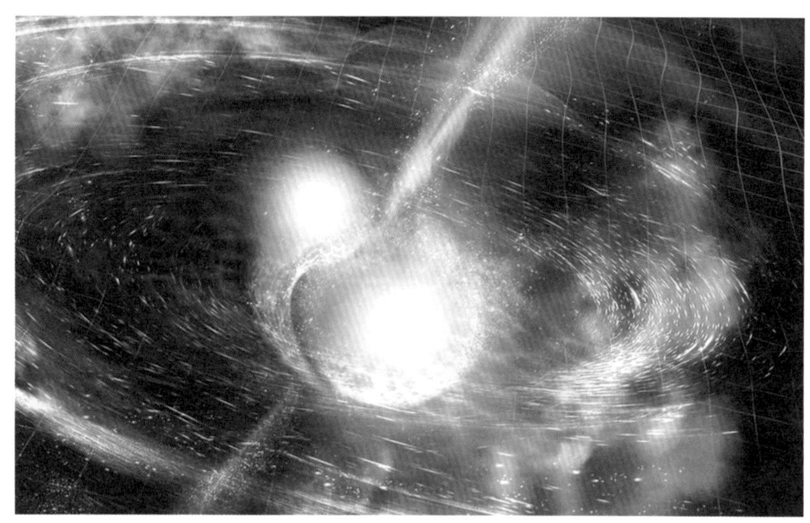

图2-7 双中子星合并事件

图片来源：2017年美国《科学》杂志

至于那些只有高能辐射而并无成协射电信号的脉冲星，它们的成因和演化过程也存在颇多的疑点。如射电暗弱的原因究竟是因为在脉冲星的某个演化阶段就是如此，还是说这只是高能辐射束宽于射电辐射束带来的几何效应？已经发现射电脉冲星和高能脉冲星之间存在相互转化，这样的转化是否普遍，其机制又是什么？目前我们在三个双星系统的毫秒脉冲星成员（比如PSR J1023＋0038）身上目睹过这样的高低能切换，这一现象被解释成脉冲星吸积普通伴星物质的过程所受到的脉冲星风调制：这对双星距离足够近，在物质从低质量伴星流向脉冲星期间，脉冲星的快速自转以及强磁场产生的脉冲星风在很大程度上会阻滞吸积流，让后者无法靠近脉冲星本身，同时显露出射电辐射束；当吸积流突破阻滞涌向脉冲星附近时，就会形成炽热的吸积盘，开启高能辐射，却将射电辐射关闭或遮掩。但其他毫秒脉冲星甚至普通脉冲星会不会表现出类似的切换，原因又是怎样的？这个问题只有等发现更多带有辐射切换的脉冲星之后才能找到答案。

当然，作为超新星爆发的产物，脉冲星与超新星遗迹的关系也是值得探讨的话题。目前研究者只在大约100个超新星遗迹中发现了脉冲星，其中就包括了1054年天关客星爆发留下的蟹状星云。已知成协事例较少，既是因为超新星遗迹十万年的典型寿命远远短于典型的脉冲星，也有脉冲星磁场（进而是辐射束）的指向必须合适才能让地球上的观测者接收到的缘故。另外，在脉冲星形成之初受到的冲击力也往往使得它们偏向一侧运动，在诞生十万年后，它们很可能已经离开了原本超新星遗迹的范围，至少相对遗迹中心出现了明显偏离，这无形中加大了搜索的难度。如果能够发现更多与超新星遗迹成协的脉冲星，并对这样的星体空间运动情况进行普查，无疑会加深人们对大质量恒星生命终结过程的认识。

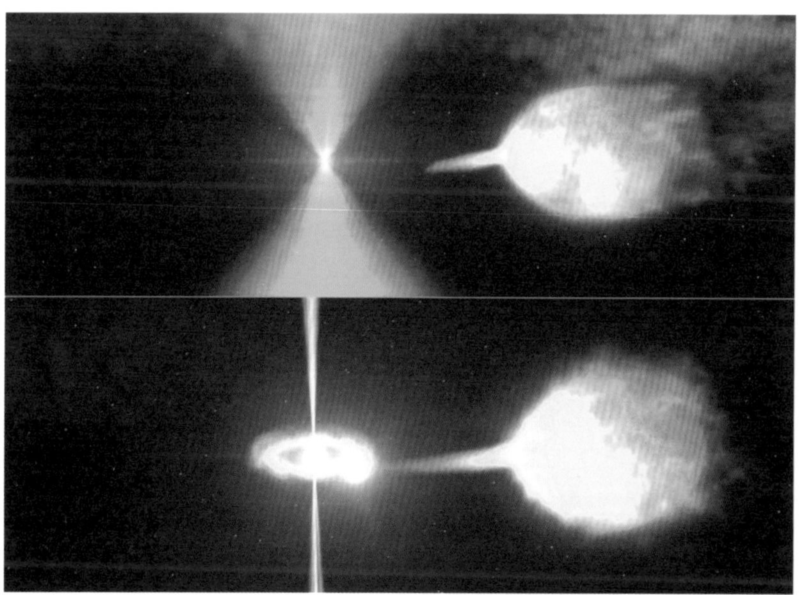

图2-8 可以变身的脉冲星PSR J1023＋0038在射电（上）和高能（下）状态之间的切换过程示意

当来自伴星的吸积流被脉冲星风阻滞时，脉冲星会发出射电波（绿色）；而吸积流一旦到达星体表面，则会形成吸积盘，并诱发高能辐射（紫色）。图片来源：NASA's Goddard Space Flight Center

知识链接

成协 指看起来在同一方向（天空同一位置），距离不一定相同，即有很大可能是同一天体。也可以理解为观测和理论的一致性。

与致密星物态或极端天体物理过程相比，同样重要的是脉冲星对星际介质作用的研究。由于脉冲星发出的射电辐射在星际冷等离子体介质中传播时，会发生色散和散射，这些效应可以用于探测银河系中的自由电子分布，有利于我们了解电离物质的性质。所以，大样本脉冲星多波段监测的开展可以大大增进人们对星际介质的认识，进而将这些结果用于银河系的结构探索等更为宏大的领域的研究。

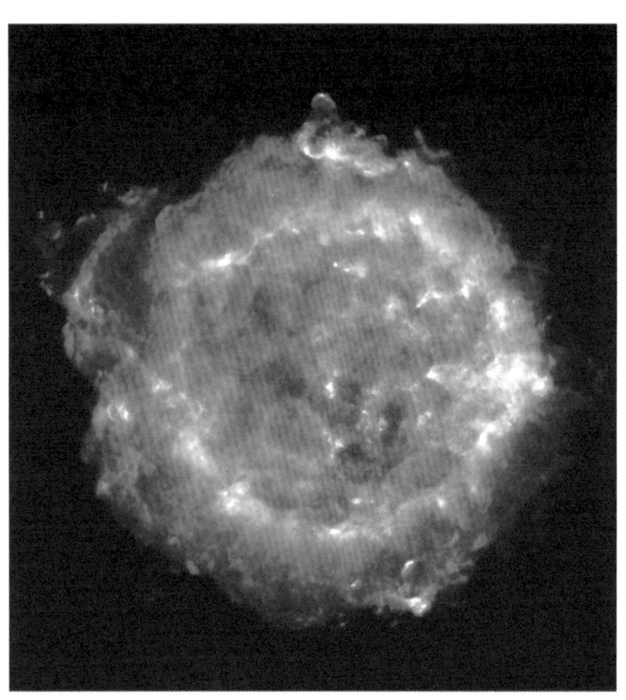

图2-9 仙后座A超新星遗迹的射电图像

这个超新星遗迹是全天最明亮的射电源，在各个波段均可探测。它明亮的壳层状结构是超新星抛射物与星际介质相互作用的结果。图片来源：NRAO/AUI

当然，精确观测脉冲星不仅对基础科学研究大有裨益，更可以服务于国民生产和日常生活。脉冲星自转的高度稳定性足以媲美最精密的原子钟，尤其是毫秒脉冲星，其脉冲误差之小，堪称“天然的铯原子钟”。因此如果能够将脉冲星的这一优点用于导航，将接收到的脉冲信号和精确测量到的脉冲星周期与坐标相比较，就可以根据三角测距法精确地确定接收者的位置。这一技术现在虽然刚刚起步，但前景十分光明，因为与现在通用的导航方法相比，脉冲星导航最大的优势就在于不依赖人造卫星，也不像传统的天文导航那样受制于天气，所以它的适用范围更广，在卫星故障期间也无碍使用，对于远离地球没有导航卫星可依赖的行星际探测器来说更是便利。

说了这么多，大家应该对脉冲星观测的重要性以及现有难点有了大致的了解。那么，与已有的望远镜相比，FAST的优势主要还是其巨大的接收面积以及相对宽阔的天区覆盖。FAST口径500米，观测时的有效口径300米，身居世界之最自不必多说。与以阿雷西博望远镜为代表的传统固定式射电望远镜相比，FAST更是通过极具创新性的主动反射面以及馈源舱设计，大大扩展了可观测天区的范围，它可以顾及天顶角40度之内的天区。由于FAST的台址位于大约北纬25.6度的贵州省黔南大窝凼，望远镜覆盖赤纬−14.4度到65.6度之间的天区。相比之下，阿雷西博望远镜可观测目标的最大天顶角只有20度左右，考虑到该望远镜的地理位置，它几乎无法观测天赤道以南的天体。

借助庞大的接收面积、宽阔的可观测天区、新型接收机系统，再配合FAST团队开发的新程序，FAST可以在脉冲星研究领域大显身手。这台望远镜的灵敏度可以达到先前最佳观测仪器的3～5倍，而由于银河系中的脉冲星大抵分布在银盘附近，这意味着至少一半的脉冲星都可以落在其视野中。理论估计表明，全面投入观测后的FAST只需进行为期1年的巡天，就可以探测到大约4000颗各种类型的脉冲星，这一数字已超过了已知脉冲星的总和。

不过如此高的探测率带来的不只是单纯的脉冲星数量的增

加。首先，高灵敏度使得FAST可以探测周期更长、更暗弱、之前的望远镜无法发现的年老脉冲星。其次，FAST的高灵敏度也将为已知脉冲星的监测助力，凭借其高灵敏度，FAST可在数年的观测中取得其他望远镜数十年的观测效果。理论估计表明，由于FAST能够用更短的积分时间获取脉冲星的脉冲轮廓，它可以观测脉冲星的脉冲周期在更短时间段内的变化，这将帮助研究者了解脉冲星本身性质造成的计时残差，从而全面理解未来用脉冲星计时阵探测引力波的系统误差。预计通过10年的观测，FAST对20颗脉冲星进行计时观测的灵敏度可以达到10^{-16}，这将给出目前此波段最好的限制。此外，FAST还有望发现一些新类型的脉冲星，新的搜索程序使得FAST可以跳出周期—周期导数图中已知的脉冲星“主序”带，在更宽阔的参数空间里搜寻脉冲星，填补可能的空白。

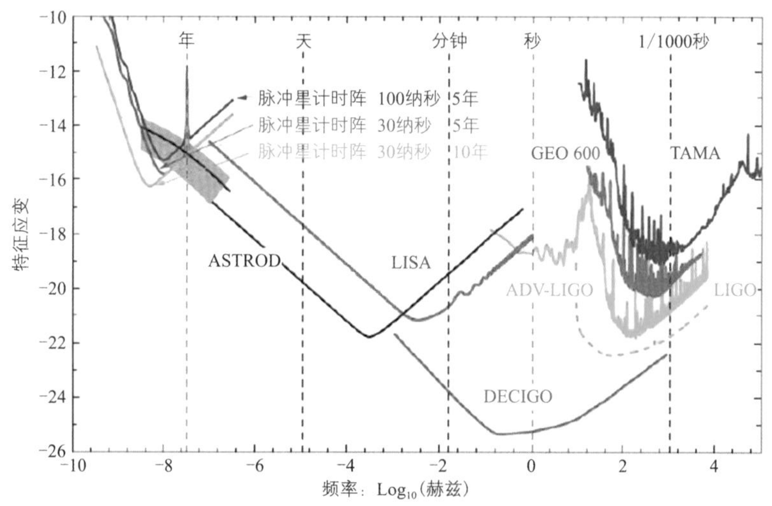

图2-10 引力波探测的灵敏度

左上三条线为FAST对20颗毫秒脉冲星进行计时观测的灵敏度极限。ASTROD：激光天文动力学引力波探测；LISA：空间引力波探测器；DECIGO：分赫兹干涉引力波天文台；LIGO：激光干涉仪引力波天文台；ADV-LIGO：高级LIGO，第2代地面激光干涉实验装置；GEO 600：600米臂长激光干涉引力波探测器；TAMA：300米臂长激光干涉引力波探测器。图片来源：Nan et al. 2011

中子星与黑洞组成的双星系统、周期不足1毫秒的亚毫秒脉冲星、第一颗身处大小麦哲伦云以外的河外星系中的射电脉冲星、更多辐射束在高能和射电之间切换的脉冲星等，都是FAST可能的发现，这样的发现一旦出现，将极大地促进脉冲星理论和应用的发展。

宇宙演化探针——中性氢

氢是宇宙中最古老、最简单也是最丰富的元素，占宇宙重子物质总质量的76%，总原子数的92%。氢在宇宙中的存在形式多种多样，可以是氢原子、氢离子或氢分子，也可以与其他元素组成分子。其中，中性氢原子在宇宙中大量存在，即使低密度环境下也无处不在。处于基态的中性氢原子，当其电子自旋的取向由与质子自旋的平行态到反平行态的超精细结构能级跃迁时会在1.42吉赫频率（即21厘米波长）处发出辐射。这条谱线于1944年首次被荷兰物理学家赫尔斯特（Van de Hulst）预言，并在1951年被哈佛大学尤恩（Ewen）和博塞尔（Purcell）首次在银河系中探测到，同年被荷兰、澳大利亚科学家成功观测证实。此后，观测中性氢21厘米谱线成为射电天文谱线研究的重要手段。

银河系作为我们所居住的漩涡星系，对它进行全面详细的中性氢成图在研究星际介质性质上相比其他星系具有无与伦比的优势。即使对最近的M31星系，望远镜1个角分的波束也对应着200秒差距的线尺度，而银河系即使在最远的区域也对应着比这个分辨率大20倍的细节。在不同的视线方向上，中性氢的21厘米辐射叠加了这个方向各种尺度、不同温度和密度的区域，携带着星际介质在各种环境下的物理状态信息，以及各个稳定相之间的相互影响。中性氢强度和速度的空间分布不但可以得到银河系的盘和旋臂结构，进而推演漩涡星系的结构以及形成和演化，而且能够提供银河系动力学信息，检验暗物质模型。

我们目前所知道的大部分关于银河系中性氢大尺度分布的数据主要来自一个名为莱顿—阿根廷—波恩（Leiden-Argentine-Bonn，LAB）的全天巡天项目。这个巡天是20世纪80年代荷兰和阿根廷的科学家通过一台25米和一台30米射电望远镜进行观测的。观测的分辨率大约半度，比较粗糙，灵敏度0.09 K。2016年10月，新的单天线中性氢全天巡天，北半球的艾弗尔斯贝格—波恩中性氢巡天（Effelsberg-Bonn HI Survey，EBHIS）和南半球的帕克斯银河系全天巡天（Parkes Galactic All-Sky Survey ，GASS），通过HI4PI项目合并形成了最新的银河系中性氢图。它们的巡天观测分辨率分别为9角分和16角分，此项目将大幅改进我们对银河系中性氢大尺度分布的认知。

图2-11 HI4PI计划绘制的银河系中性氢全天图

数据来自德国100米口径艾弗尔斯贝格（Effelsberg）望远镜和澳洲的64米口径帕克斯（Parkes）望远镜。其中，蓝色代表以较低的径向速度奔向我们，绿色代表以较低的径向速度远离我们。中间的亮带是银盘，右下方的亮斑分别是邻近的大麦哲伦云和小麦哲伦云。图片来源：NASA

银河系和大部分漩涡星系一样，具有较差自转，旋转曲线在5～27千秒差距内趋向于平坦。目前国际天文学联合会公认的基本

知识链接

较差自转 指远离中心的地方旋转速度与中心处不一样大小。

千秒差距 天文学上的距离单位，1 千秒差距＝1000 秒差距＝3260 光年。光年是光在一年时间内走过的距离，1光年等于9460730472580800米。

常数为太阳距银河系中心8.5 千秒差距，太阳相对银河系中心的旋转速度为220 千米/秒。我们知道中性氢原子在银河系沿着银道面形成一个以银河系中心为中心的气体薄盘，尺度大约是恒星盘的3倍。中性氢盘内充满各个尺度的壳层、刺状和烟囱结构，它们和恒星盘内恒星的生死轮回息息相关，并展示着银河系的"生态系统"。由于大、小麦哲伦云的引力拉扯，气体盘发生扭曲，北边大南边小。这种弯曲在分子云、恒星、电离氢区以及其他银盘示踪体中都可以看到。在距离银心0.7个太阳半径内，气体盘平坦宽阔，高度约为220秒差距。但是在这个半径以外，中性氢气体盘急剧胀大，随着半径呈指数增大，标高为9.8千秒差距。与此同时，中性氢体密度和表面密度呈指数分布下降。在离银河系中心35千秒差距距离内，表面密度、体密度和标高之间存在紧密的相关性。中性氢旋臂结构在这个距离内也清晰可见，但只是密度和标高的扰动，并不像其他银盘示踪体一样展示着真实的银盘旋臂。在更大距离，银河系围绕着暗弱的、块状的高度扰动的中性氢分布，延伸到离银河系中心约60千秒差距的空间。

中性氢气体具有两相结构。在经典的两相模型中，中性氢气体在压力平衡下存在两个稳态，分别是呈团块结构的冷中性介质（CNM，温度 T＜300开尔文、数密度0.3/立方厘米）和弥漫分布的暖中性介质（WNM，温度T>5000开尔文、数密度0.1/立方厘米）。这两相的特征冷却时标相差2个量级（100倍）。两个稳态之外的气体都属于暂时相。银盘半径18千秒差距内，以及银河系喷泉喷射到银晕几个千秒差距内的中性氢气体都处于两相结构。在动态星际介质中，湍流在小尺度上产生密度扰动，造成的热不稳定性能够在很大的温度范围中加强相位转变。观测显示50%的气体处于不稳定区间（300～5000开尔文）。冷的中性氢结构还会对热的背景连续辐射产生吸收。银盘里从几个秒差距到几个天文单位都观测到这种中性氢吸收线（HISA），以及氢的窄线自吸收线（HINSA）。氢的窄线自吸收线勾画出分子云中的原子丰度轮廓，可以帮助我们给出恒星形成的基本参量，例如时标和宇宙线电离度，理解恒星形成的物理和化学过程。

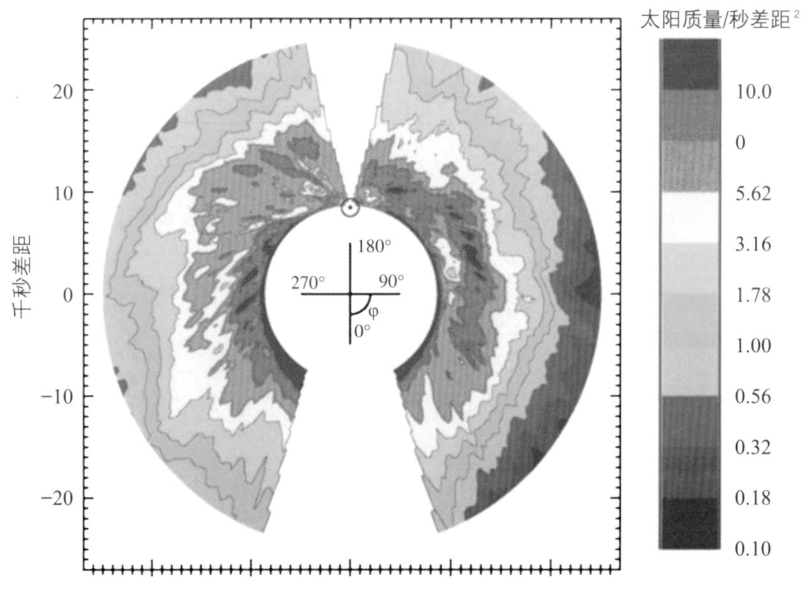

图2-12　银河系中性氢面密度分布

气体盘在太阳圈内的分布由于距离模糊性而无法确定

在银盘气体层外，观测显示存在许多冷的、几十秒差距尺度的高速云中性氢云块（HVCS）。这些高速云块在速度上偏离银盘辐射（$|V_{lsr}|$＞100千米/秒），广泛分布于银盘到高纬度区域，质量约占总气体质量的10%。对高速云的高分辨率观测可以揭示银盘以外以及银晕区域的温度、X射线电离度等物理环境。对高速云的统计分析，以及距离和金属丰度的确认（光学和红外观测高速云背景恒星光谱的吸收线），可以帮助我们分辨高速云的来源是符合银盘激波加速上升，以及引力回落的银河系喷泉模型，还是来源银河系吸积河外早期原初气体的，与银河系暗物质晕相关。这些未知都将在高灵敏度FAST的探索下逐步揭开。

美国阿雷西博的银河系阿雷西博L波段馈源阵中性氢巡天（GALFA），分辨率3.4角分，灵敏度80mK，覆盖北天赤纬－1°到38°的天区。它在银盘内壳层结构、银晕高速云探测、邻近气体的冷自吸收线以及致密氢云方面，都取得了颇多成果。与阿雷西博相比，FAST能覆盖更广的天区，可以观测到更完整的邻近恒星形成区，例如猎户座分子云。FAST口径大，灵敏度高，可以观测更暗弱的中、高银纬处的中性氢气体分布。对高银纬低温氢气体的研究和统计，不仅可以完善整个星际介质稳态的框架，而且可以示踪银盘外的结构，研究星际介质的总体演化。

知识链接

示踪（trace） 显示、记录特定物质运动、演化、发展的行踪和痕迹。示踪体（tracer）能够描绘出被示踪的天体的轮廓、性质、运动行为等。

快速射电暴

近些年来发现了一种新型的爆发式射电脉冲现象——快速射

电暴（Fast Radio Burst，FRB），相关研究方兴未艾。而FAST在着手从事脉冲星和谱线观测的同时，也将FRB的相关搜索和监测列为重要的新目标，以期在这个新兴领域中贡献自己的力量。

快速射电暴最早是澳大利亚的64米帕克斯望远镜在执行小麦

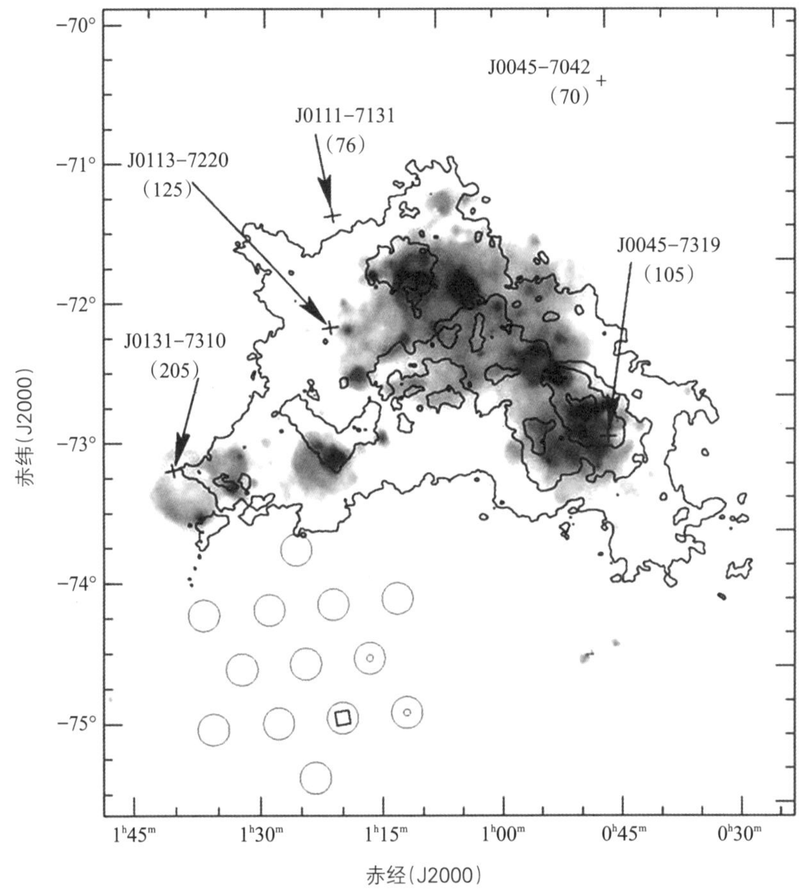

图2-13 第一个快速射电暴FRB 010724的发生位置与小麦哲伦云中若干已知脉冲星的比较

图中标出了各个脉冲星的名称以及色散量（各脉冲星名称下方括号中的数据）。左下方的13个圆圈则代表帕克斯望远镜13波束接收机在探测此次爆发期间的位置，其中标有方框的一个对应的信号最强，标有较小圆圈的两个也接收到了相应的信号。图片来源：Lorimer et al. 2007

哲伦云脉冲星巡天时偶然发现的。第一个快速射电暴FRB 010724只表现出了短暂的5毫秒脉冲，其流量却高达数十央斯基，以射电天文学的标准来看是相当明亮的，它甚至足以让帕克斯望远镜灵敏的接收机饱和。由于这次爆发的色散量高达375秒差距/立方厘米，远高于小麦哲伦云的典型值，所以它很可能只是恰好出现在了小麦哲伦云的方向上，实际却源自更远处的深空。再考虑其亮度和持续时间，它的行为特点与任何已知物理过程都不尽相符，理应是一类全新的现象。

截止到2017年5月，已经公布的快速射电暴有21个，其中包括第一个快速射电暴在内的绝大部分事件都是由帕克斯望远镜发

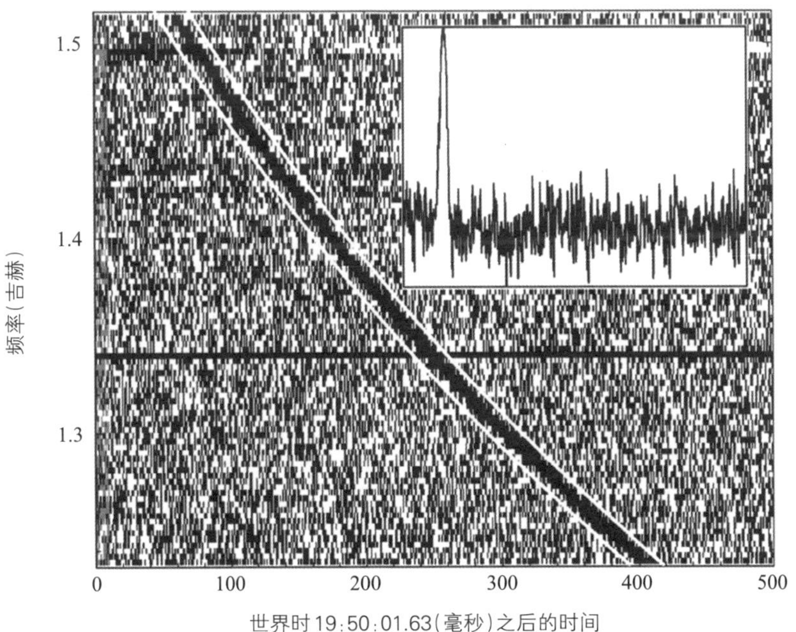

图2-14 第一个快速射电暴FRB 010724的脉冲轮廓图（右上）与频率—色散图

该快速射电暴低频脉冲的到达时间晚于高频，一般认为这是信号在星系际介质中的传播过程所致。图片来源：Lorimer et al. 2007

现的。从现象上看，每起射电暴也都与原形类似，明亮的脉冲持续时间只有毫秒级，且多半为单脉冲式事件，只有少数样本呈现出了双脉冲结构；色散量则是数百到上千秒差距/立方厘米不等，对应宇宙学距离。所以，根据快速射电暴的高色散性质，当前的主流理论指出，这类现象很可能起源于河外星系，而短暂的脉冲持续时标又说明爆发的源区尺度狭窄，不应该大于光在数毫秒内传播的距离，要么源于致密星，要么就是普通恒星的局域性过程。而考虑到射电望远镜的视场有限，且只有在恰当的时间指向、恰当的地点才能接收到相应的脉冲，估测快速射电暴发生频率可达每日数千乃至上万次。

当前已知的快速射电暴中，绝大多数都是一次性事件，只有FRB 121102是个例外。这个复发暴近年来重复逾百次，每次的光变和辐射频段均有所区别，但色散相当一致。由于它的部分复发得到了美国甚大天线阵以及欧洲甚长基线干涉网（EVN）的实时观测，这个源成了迄今唯一一个得到精确可靠定位的快速射电暴，位于一个红移0.193的矮星系中。其他快速射电暴都是因为单天线射电天线（以及探测到3个事例的UTMOST干涉仪）的分辨率限制，并且相当一部分样本是爆发过后从存档的观测数据中挖掘出来的，所以都没有得到及时的高分辨率探测，无法确定其来源，它们的寄主星系也是争议重重。

快速射电暴那短暂而明亮的脉冲来自何方？考虑其河外的距离、短暂的持续时间和惊人的爆发率，再加上FRB 121102的寄主星系已经被敲定，当前最流行的理论认为，这类现象源于银河系以外的致密星形成的相关过程。现有模型既有双中子星合并、双白矮星合并、超重中子星坍缩为黑洞等致密星的灾变性事件，又有如磁星巨耀发（强磁场中子星的表面壳层在磁场作用下的破裂和重组）、河外明亮脉冲星的巨脉冲、中子星周边行星系统或小天体的运动，还有与年轻超新星遗迹相关过程或低光度活动星系的

图2-15 重复快速射电暴FRB 121102的寄主星系可见光图像

图片来源：Gemini Observatory/AURA/NSF/NRC

间歇性增亮等不太激烈的机制，甚至是原初黑洞的蒸发、宇宙弦放电等奇异的过程。因为样本匮乏且不确定因素较大，目前还难以判断哪种模型是正确的。甚至快速射电暴可能存在双重起源，像FRB 121102这样的复发暴或许源于巨脉冲或小天体撞击等可重复事件，而其他一次性爆发并不排除源于灾变过程的可能性。

为了让快速射电暴的研究取得突破，当前最重要的当然是扩大样本数量。样本数量的扩充可以回答很多疑难问题，比如快速射电暴在天空中的分布是否真的像宇宙学距离起源理论所说的那样各向同性？复发与一次性的爆发各占多少比例？而如果更多的爆发可以得到干涉仪的高精度定位和宿主星系的认证，对爆发起源的认识无疑会大为深入。当然，如果能够以更高的灵敏度对已知射电暴进行后续观测，也将回答一些未解决的问题，比如众多一次性快速射电暴到底是真正的一锤子买卖，还是有太多复发因为光度不足而躲过了先前的探测？毕竟FRB 121102是由口径305米、灵敏度远高于帕克斯的阿雷西博望远镜发现的，它的相当一部分复发事件非常暗弱，并不足以被帕克斯望远镜觉察到。所以帕克斯望远镜很可能错过了大量的复发事件，如果观测时间不凑巧，针对每个快速射电暴只捕获到了一次发作也不是没有可能。

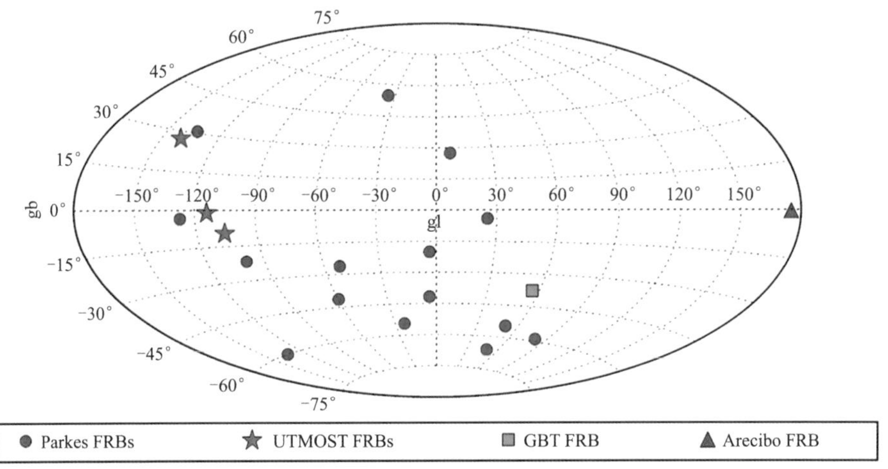

图2-16 已知快速射电暴在银道坐标系中的分布

图中蓝色圆点、紫色五角星、绿色方块与红色三角形分别表示帕克斯望远镜、UTMOST干涉仪、绿岸望远镜和阿雷西博望远镜的探测。由于目前已知FRB数量有限且多由南半球的望远镜探测，很难根据少量样本确定这种现象的全天分布形式。图片来源：Caleb et al. 2017

在快速射电暴研究领域，FAST最大的优势并不是定位，因为哪怕300米的有效口径也只能拥有不到3角分的分辨率，虽然较现有探测主力——帕克斯望远镜十余角分的定位精度有所提升，但对于敲定寄主星系而言，这种定位精度也还是远远不够的。FAST

的优势也不在于样本数量的快速积累。根据估计，FAST在每1000小时的观测时间里只能发现个位数的快速射电暴。虽然说这样的预期并不差，也会发现更多新的快速射电暴，帮助我们确定快速射电暴的全天分布形态，但如此探测率终究无法与加拿大氢线强度测绘实验（CHIME）、中国的天籁阵列以及未来的平方千米阵这样的大视场射电阵列相抗衡。由于FAST的高灵敏度是其独到的长处，这可以保证它发现的每个快速射电暴都可以得到足够深入的后续观测，而它的可观测天区又较大，因此可以协助帕克斯或其他南半球望远镜探测。这样随着时间的推移，快速射电暴能否复发的疑问有望得到解决。当然，如果FAST能够参与到甚长基线干涉联测中来，它将凭借巨大的接收面积，成为东亚地区甚长基线干涉测量网络的主导，有望借此在兼顾灵敏度的同时实现快速射电暴的精确定位，最终揭开这种短暂而又明亮的爆发的来源的秘密。

获得天体超精细结构

天文学的角分辨率是指像点刚刚能分辨开的两个天文目标的角距，分辨角$\theta=\frac{\lambda}{D}$，即波长与口径之比。对射电天文望远镜而言，其工作波长为光学望远镜的几百万倍，若想获得与光学望远镜相当的分辨率，就得把这口"大锅"做成几百千米甚至地球那么大，而且其偏差要控制在1毫米甚至更小，这类技术根本不存在。射电天文学家找到了不必增大天线口径且能提高分辨率的方法——射电干涉测量，最终发展成今天的甚长基线干涉测量。加入甚长基线干涉测量的两面天线可以隔洲跨洋，其角分辨率$\theta=\frac{\lambda}{B}$，基线B可以有地球直径那么长，如果将天线送至太空，那么这个基线将更长。现代全球甚长基线干涉测量网的分辨率比毫角秒还要精细，比其他所有天文波段的分辨率至少高3个数量级

（1000倍）。如果你为12个人分一个蛋糕，每人一块圆心角为30度的蛋糕；如果地球上所有人来分这个蛋糕，每人得到的小角度仍然比甚长基线干涉测量的分辨角还大得多。能不能参加甚长基线干涉测量这个俱乐部以及在其中扮演什么样的角色，在一定程度上表征了一个射电天文望远镜的显示度。世界上主要的甚长基线干涉测量网有欧洲网、美国网和亚太网等。主要单元天线口径为20～40米，最大的单元天线口径为100米。如果FAST加入，由于巨大的接收面积和地处所有网边缘的地域优势，它将成为国际甚长基线干涉测量的“网主”，使我国在该领域国际合作中处于主导地位。

30多年来，随着甚长基线干涉测量技术和甚长基线干涉测量图像重建算法的发展，在众多领域改变了天文学的面貌：为遥远的类星体和原星系成像；发现了活动星系核的精细结构（见图2-17）；直接揭示了物质和能量的运输过程；为建立早期恒星系统的中央引擎模型提供观测事实。

有FAST参加的洲际甚长基线干涉测量网观测，基线检测灵敏度可提高5倍。甚长基线干涉测量网的分辨率不仅与最长基线的长度有关，也和它的权重相关，FAST处在所有国际网的边缘，高灵敏度使FAST相关基线有高的权重，因而有它参加的甚长基线干涉测量网有更高的分辨率。与空间轨道射电望远镜联测，它的“网主”作用尤为显赫，假想与日本的8米VSOP空间望远镜联测的地面网中包括了FAST，那8米镜的功能相当于100米，可成图的目标数将增加1000倍。如果FAST代替阿雷西博参加由美国甚长基线阵、甚大阵、绿岸天文台100米射电望远镜和德国波恩100天线组成的高灵敏度阵（HSA）观测，该阵的灵敏度将从5.5微央斯基提高到3.1微央斯基，而且可观测天区增大，再加上FAST独特的地理位置和比阿雷西博长很多的可跟踪观测时间，可以大大改善甚长基线干涉测量网的UV覆盖，进而提高图像质量。

除少量的相位参考模式，甚长基线干涉测量的检测积分时间由于信号的相干性被限制在分钟或秒量级，因而它可成像的目标和连线干涉仪阵列相比少得可怜。在最完整美国甚长基线阵源表中有3035个天体，只有部分有图像，其中约300个得到了多历元、多频率的监测研究，50多个天体有精确的偏振磁场图像。美国国立射电天文台—德国马普射电天文研究所的NRAO-MPIfR 5吉赫射电源表中流量大于1央斯基的源，有VLBI成像观测的只有30%，银河内源数目更少。如果有FAST的加入，可检测的目标将至少提高2个数量级，为我们提供完整的致密源统计样本，从而更可靠地检验活动星系核（AGN）核心引擎的理论和模型，发现远宇宙的奇异现象。例如，FAST的建成将极大地提高对暗弱的高红移（z>3）活动星系核高空间分辨率的成图观测能力，最终将显著扩大目前已有的自行—红移关系宇宙学统计研究样本。又例如，在视超光速源的观测研究中，当喷流中辐射团块远离中心时，亮度迅速下降，目前望远镜的灵敏度只能跟踪观测几年，限制了多重超光速的研究，而FAST将根本改变这一状况。射电源核心的偏振辐射常常只有总强度发射的1%，精确的远星系引力核心磁场成像，能使我们真正进入这个物理学的未知领域。

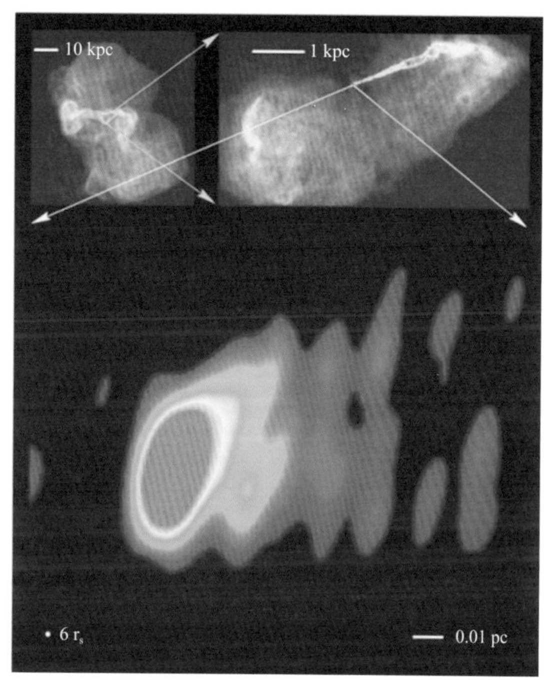

图2-17 星系M87的射电图像，显示了双瓣结构和单边喷流

由FAST、地面100米天线和空间10米左右天线构成的甚长基线干涉测量系统，其灵敏度也将比现有的设备提高0.5～1个数量级，有可能以优于0.1个日地距离的分辨本领，获得少数热谱源精细图像，从而更有利于研究恒星类天体的形成与演化。甚至直接为近邻恒星系统中类似木星的行星成像。

探索太空生命起源——星际分子

星际分子谱线也是20世纪60年代天文四大发现之一。1952年米勒（Miller）在实验室中进行地球生命起源的实验，他用氢、氨气、甲烷和水模拟原始大气和海洋，通过电击注入能量，生成了多种与生命过程有关的有机分子。射电天文学认为，前生命期复杂分子的发生可能不需要从零开始，20世纪60年代初，由于毫米波天文学的发展，在星际介质中观测到了不同转动能级跃迁产生的分子谱线，这些分子中包括书写蛋白质公式的基本化学字母C（碳）、H（氢）、N（氮）和O（氧）等。分子天文学的奠基人汤斯（Townes）获得1964年诺贝尔物理学奖。至2005年，已证认星际

知识链接

- **脉泽**　分子粒子数能级布局反转而自然产生的受激谱线发射。这是一种极端的偏离热动平衡的现象，因此称为非热脉泽谱线。发射脉泽谱线的分子称为脉泽分子。产生脉泽辐射的天体称为脉泽源。
- **超脉泽**　与活动星系核相关联的一种天体，它们的辐射过程、运动、特殊的物理环境，以及它们与中心天体的关系等研究已成为一个前沿领域。
- **晚型星**　恒星光谱序列中的K、M型星。

分子129种，其中有8种脉泽分子，包括50多条非热脉泽谱线。在银河系已发现几千个脉泽源，在河外星系中发现了106个羟基（OH）超脉泽源和64个水超脉泽源。

星际分子广泛存在于多种天文环境中。约有20%的分子谱线处于厘米和分米波段。由于恒星形成于分子云，也由于不同分子、不同谱线可示踪不同物理条件，而不少情况只能由分子谱线进行观测，因此分子谱线的观测对研究恒星的形成及演化至关重要。

分子云的形成标志着大量气体的凝聚，是大量恒星形成的前提。某些分子谱线源（如脉泽源）的形成需要特定条件，与星系类型和星系核活动演化阶段有关，因此河外星系中分子气体的探测对确定星系的形态和演化也有重要的作用，在高红移星系和原星系候选体中这种观测更为重要。分子谱线的狭窄有助于星系红移的精确测定，因此FAST的厘米和分米波段的分子谱线研究、分子外向流与中性氢联测等，将会大大推动我国的分子谱线研究的发展。

脉泽源和河外超脉泽源辐射强而空间尺度小，单个脉泽斑点的最小尺度接近一个天文单位，它们存在于恒星形成区和晚型星附近，其甚长基线干涉测量的观测是研究银河系和近邻星系小尺度环境的物理和动力学条件的最好工具。银河系脉泽和河外星系超脉泽的观测，对分子云的动力学、恒星形成、星际磁场、银河系尺度和邻近星系距离测定、黑洞认证等天体物理研究做出了非常重要的贡献。当前脉泽的研究将转向河外超脉泽和河外超脉泽爆。

FAST设计工作带宽内包含羟基（OH）、甲醇（CH_3OH）等12种分子的谱线。利用FAST的高灵敏度，可对极亮红外星系、高红移星系、活动星系和类星体进行羟基、甲醇分子超脉泽的广泛搜寻。虽然阿雷西博是探测超脉泽的先驱，但FAST的性能将可以观测到更多羟基超脉泽源，进一步研究超脉泽和星系类型的关系、超脉泽与核活动的关系、超脉泽和星系核相对论性外流的关系。目前我们用超脉泽观测，得到了NGC4258星系中黑洞存在的证据。大的羟基超脉泽样本，将使我们有可能获得更多黑洞存在的证据。天文学家用阿雷西博望远镜，在红移为0.6处探测到了最亮的羟基超脉泽。如果用FAST，它可在z～1处被探测到，使羟基超脉泽的宇宙学研究成为可能。目前羟基超脉泽的光度函数定得很不准确，也不了解它们的物理机制。在多波束模式下，用FAST做羟基超脉泽的巡天工作，将增进我们对其光度函数的理解，为我们提供有关它们起源的必要信息，超脉泽是河内最亮的射电点源，强出邻近羟基脉泽近一个数量级。甲醇脉泽正成为示踪恒星及行星形成和研究吸积盘的重要工具。国际寻找河外甲醇超脉泽的努力至今未果。考虑到FAST与阿雷西博相比有较大的天区覆盖，我们将有机会利用FAST的极高灵敏度在世界上第一个发现河外甲醇超脉泽。高灵敏度的FAST还可能发现高红移的巨脉泽（Gigamaser）星系，并以此来帮助我们研究宇宙演化早期的性质。

人类是否孤独——寻找地外文明

“我们是谁？我们从哪里来？我们是否孤独？”我们好奇地球以外有没有其他的文明社会。哲学家罗素说，“这个问题的解答有两个，无论是有还是无，都会使我们感到同样的惊奇”。寻找地外文明（Search for Extra-Terrestrial Intelligence，SETI）的学科风险是不言而喻的，但它一旦成功，将使人类所有的科学成就都黯然失色。所以科学界的探索、发达国家政府与民间对SETI的投入也从未停止。

在人类难以想象的“极限生命环境”——几百度高温的海底热泉、几十万米高空、地下数千米岩层中，都发现了活着的生命。生命的顽强，远远超出了人们的想象，因此在考虑地外生命时不用只关注宜人的环境，在行星上寻找生命时应该先寻找水。伽利略飞船于1995年到达木星，发回的图像展示了木卫二的冰壳下有比地球多得多的水；2004年，欧洲快车在火星南极拍下水冰照片；美国NASA"勇气"与"机遇"号两个机器人着陆火星表面一直工作至今，通过大量的岩土采样分析，揭示了火星湿润的历史；2005年，欧美的卡西尼—惠更斯成功入轨土星，惠更斯着陆泰坦，证实了水冰与烃的存在。太阳是银河系中上千亿颗恒星之一，1986年至今，天文学家使用高精度视向速度仪发现了数千颗太阳系外的行星。地球极限生命环境、地外水和太阳系外行星系统三项科学的进展，使SETI科学不断升温。

如果人类及其文明遵循哲学的"平庸法则"，按德拉克绿岸公式，我们应该有很多文明的邻居，我们怎么从来没有他们的消息呢？我们应该怎么去寻找？迄今，在太阳系中其他行星上还没发现生命印记，几乎可以断言它们那里不存在复杂的生命形式。光速极限法则、恒星之间的遥远距离加之不可思议的能耗，使恒星际旅行变得漫长而不可及，主流科学不认为星际旅行是可行的。我们与地外文明通信的唯一可行方法是寻找来自地外的"人工"无线电信号。非热银河背景噪声、量子噪声及宇宙微波背景噪声

知识链接

德拉克绿岸公式 美国天体物理学家弗兰克·德拉克提出的一个用于估计银河系中先进技术文明（定义为掌握了射电天文技术的任何文明）数目的公式。任何掌握了射电天文技术的文明，我们都可能用地球上现有技术与之建立联系。

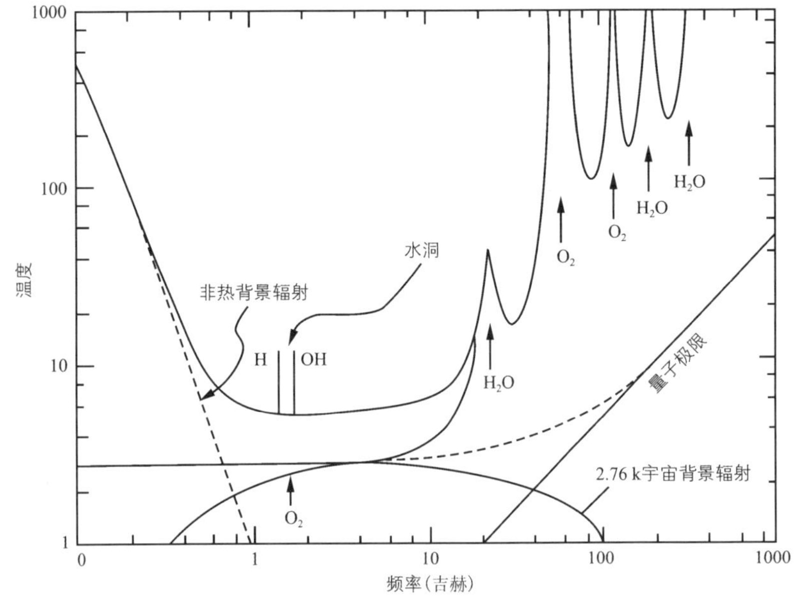

图2-18 进行星际无线电通信可能的窗口

是我们银河系中无处不在的3个噪声源，地外文明社会的工程师面临同样的电噪谱，他们可能会和我们想到相同的频率窗口（见图2-18）。

SETI专家认为人类应该将搜索集中在1～3吉赫的频率范围，尤其是21厘米的中性氢线与18厘米羟基线之间。H与OH结合成水，因而这一狭窄频带又被称为“水洞”。水对地球生命是最基本的，地外的“水族”可能也会自然地通过“水洞”寻找同类。

自从科康尼（Cocconi）和莫里森（Morrison）于1959年在《自然》杂志上发表了他们的划时代之作——《探索星际通信》后，SETI研究引起了人们的极大兴趣。在目前诸多的计划中，“凤凰计划”是最全面的SETI计划之一。它始于1994年，使用世界上最大的天线对来自邻近的大约1000颗类太阳星周围的无线电信号进行系统的搜索。2006年，由美国私营企业资助建造的ATA望远镜阵列开始部分投入运行，望远镜阵列由350面天线组成，阵列尺度为300米×200米，专门用于SETI科学，探测星际通信。

FAST的应用目标

FAST将把我国空间测控能力由地球同步轨道延伸至太阳系外缘；将深空通信数据下行速率提高几十倍；把脉冲星到达时间测量精度由目前的120纳秒提高至30纳秒，成为国际上最精确的脉冲星计时阵，为自主导航这一前瞻性研究制作脉冲星钟；进行高分辨率微波巡视，以1赫兹的分辨率诊断识别微弱的空间讯号，作为被动战略雷达为国家安全服务；可作为“子午工程”的非相干散射雷达接收系统，提供高分辨率和观测效率；跟踪探测日冕物质抛射事件，服务于太空天气预报。

FAST建设涉及了众多高科技领域，如天线制造、高精度定位与测量、高品质无线电接收机、传感器网络及智能信息处理、超宽带信息传输、海量数据存储与处理等。FAST关键技术成果可应用于诸多相关领域，如大尺度结构工程、千米范围高精度动态测量、大型工业机器人研制以及多波束雷达装置等。FAST的建设经验将会有力促进我国制造技术向信息化、极限化和绿色化方向发展。

2 FAST的创新概念

FAST的汇聚电磁波的主动反射面就像眼睛中的晶状体，接收电磁波的馈源就像眼睛的视网膜，控制反射面的促动器和拉动馈源舱的索驱动系统就像控制眼睛的肌肉，因此，FAST被形象地称为“中国天眼”。而安放“中国天眼”的眼眶就是一个喀斯特洼地——大窝凼。

为“中国天眼”找到合适的眼眶需要寻找又大又圆的喀斯特

洼坑，且工程地质和水文地质的条件都要满足“中国天眼”的工作需求。这不是一件容易的事。各种创新的选址方法和技术在这项工作中发挥了重要作用。

在遥感、航拍数据的支持下，依靠创新的打分机制，结合实地考察，科学家们为“中国天眼”找到了合适的眼眶。

主动反射面是“中国天眼”的“晶状体”，铺设在喀斯特洼地内。通过主动控制使这个500米口径的主动反射球冠的一部分在观测方向形成300米口径瞬时抛物面，将电磁波汇聚在焦点上，这样才能保证“中国天眼”看清天体，不散光。

主动反射面设计的关键之处是选择了～0.4611的焦比，在300米的照明区，抛物面与中心球面之间的差别最大只有0.67米，通过机电控制容易调整这样微小的位移，便可将中心球面的一部分变形成抛物面。一旦反射面的这一部分变成了抛物面，可使用传统望远镜的接收技术，实现宽频带观测。

图2-19　FAST台址大窝凼洼地原貌

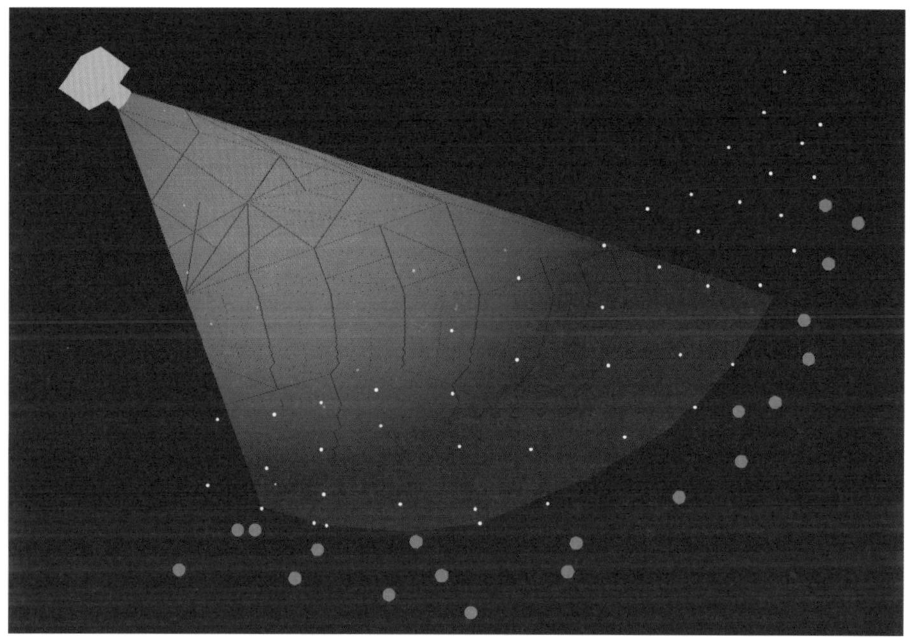

图2-20 主动反射面示意图

图2-21 主动反射面侧视图

为了让“中国天眼”灵活转动，需要控制馈源舱在焦面上灵活运动。在500米的巨大空间尺度上，处于焦点处的接收机与反射面之间不可能刚性连接，如果采用阿雷西博望远镜的指向跟踪平台方案，其质量会超过万吨，不具备可行性。因此，多年来，科学家们研发出成熟的光机电一体化的索拖动技术，通过使用6根钢索将接收机的馈源舱拖到焦点处，附加一个精调机器人抵消钢索的震动，实现高精度的指向跟踪。

在馈源舱内配置了多波段多波束馈源和覆盖频率70兆赫～3吉赫的接收机系统，这就是“中国天眼”的“视网膜”。

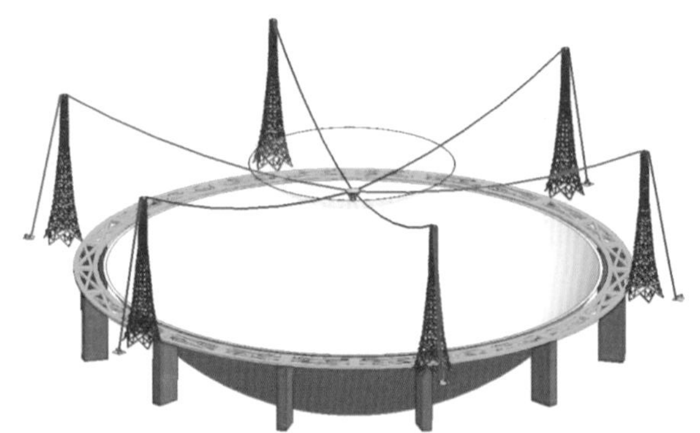

图2-22 索驱动系统

图2-23 轻型馈源舱设计

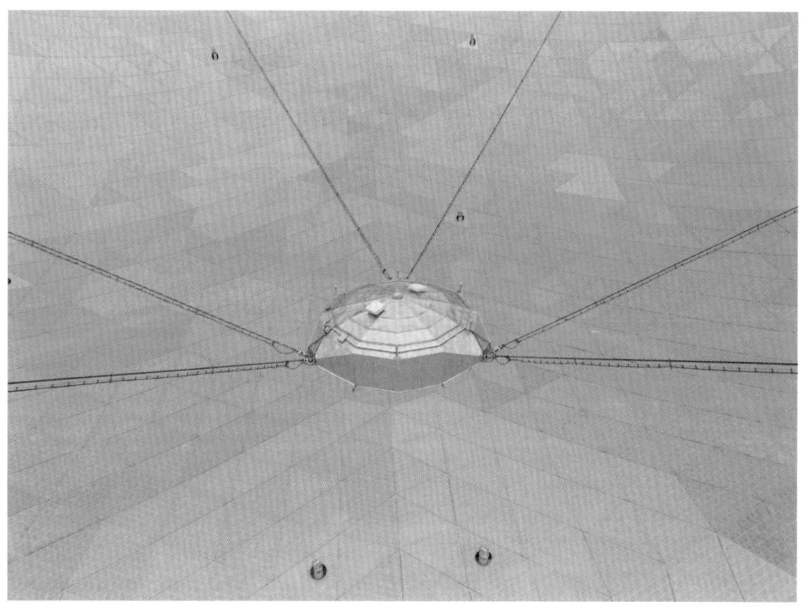

图2-24 轻型索拖动馈源舱

3 FAST的系统构成

为“中国天眼”建造“眼眶”——台址开挖

科学家们对选定区域的地形、工程地质和水文地质环境等进行了详细勘查。虽然台址洼地大窝凼的包络形状非常接近反射面球冠，但自然形成的洼地必须经过修整，所需开挖的土石方量仍然超过100万立方米。虽然洼地有良好的漏水性能，但为了确保在遭遇50年一遇的暴雨袭击时，望远镜底部机电设备也没有水浸之虞，仍需要疏通与建造竖直和水平泄洪通道。

“中国天眼”的“晶状体”——会动的反射面

FAST主动反射面的背架为钢索网结构，近万根钢索编制成数千个边长为11米左右的三角形索网构形，三角形顶点由节点连接，节点数量约为2300个。索网之上铺设4450个反射面单元面板，其中三角形反射面单元4300个，四边形反射面单元150个。观测时根据天文观测坐标和实时的反射面形状测量，控制地面的卷索机构，通过下拉索驱动节点，使其位移以完成反射面由球面到抛物面的主动变形。

馈源支撑

馈源支撑系统是在洼地周边建造6座百余米高的支撑塔，安装千米尺度的钢索柔性支撑体系及其导索、卷索机构，以实现对“中国天眼”的“眼珠”——馈源舱的一级空间位置调整。馈源舱尺度约13米，内装AB轴转向机构和并联机器人用于二级调整，以此来补偿一级索的震动，实现馈源10毫米空间定位精度。同时，要建造地面至馈源舱之间的动力和信号通道，还有安全及健康监测系统，其中包括避雷、索应力监测、紧急状况预防和应变设备。

高精度测量与控制

FAST的主要结构在观测时都在运动，主反射面和馈源之间无刚性连接，远距离、高采样率、高精度的测量与控制是制约望远镜成功的关键因素。该系统涉及毫米级精度基准网建设、GPS和激光跟踪仪安装、照明区内1000个控制点的扫描测量。因此，需建设大规模的现场总线，实现反射面的主动变形控制，并发展先进的动态解耦控制技术，实现接收机的空间定位。

馈源与接收机

根据FAST的科学目标，工作频率覆盖70兆赫～3吉赫，包括7套接收机和终端（核心为L波段的19波束接收机）、低噪声制冷放大器、宽频带数字中频传输设备、高稳定度和高精度时间频率标准设备，并需要研制接收机工作状态监视和故障诊断系统，配置多用途数字天文终端设备。馈源接收由主反射面汇聚电磁波，低噪声放大器把信号放大到合适的强度，通过射频滤波器选择需要的观测波段。射频放大器、混频器和中频滤波器对信号做进一步处理。中频信号经光纤传至地面观测室内的数据处理终端。

观测基地建设

观测基地是支持望远镜运行、观测和维护的关键。根据功能需要，观测基地包括综合楼、维修厂房和分散在基地及反射面周围的零星建筑。

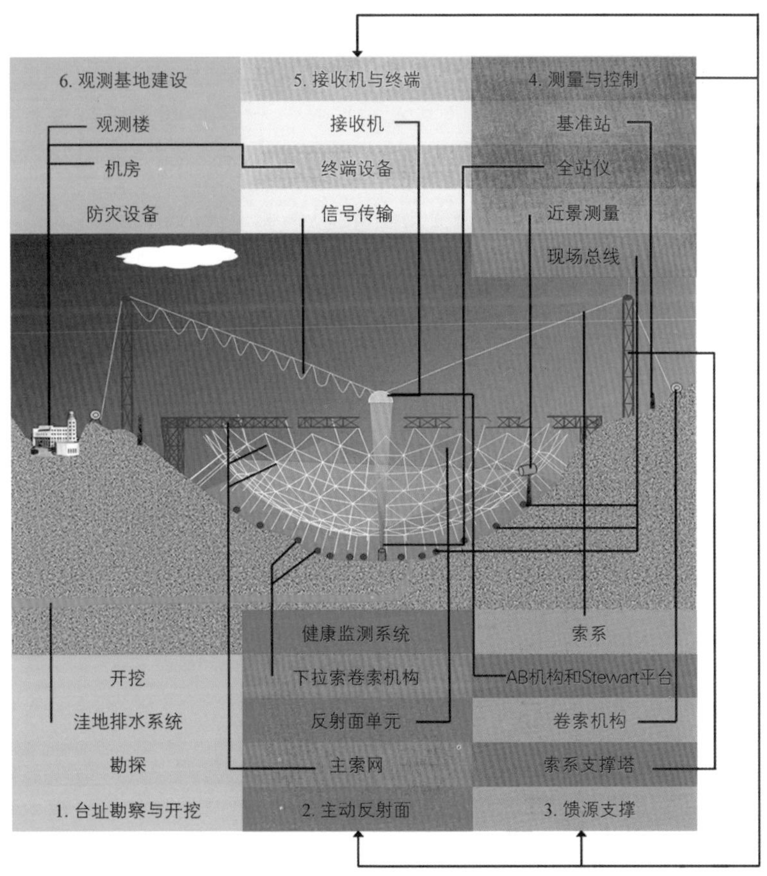

图2-25　FAST建设内容

4 FAST的工作原理

经典射电望远镜的基本原理与光学反射望远镜相似，投射来的电磁波被一精确镜面反射后，同相到达公共焦点。用旋转抛物面作镜面易于实现同相聚焦，射电望远镜天线大多是抛物面。对米波或长分米波观测，可以用金属网作镜面。而对厘米波和毫米波观测，则需用光滑精确的金属板（或镀膜）作镜面。天线或天线阵将收集到的天体电波，经过馈电线送到接收机上。接收机具有极高的灵敏度和稳定性，它将微弱的天体电波高倍放大后进行检波，将高频信号转变为低频形式记录下来。天文学家分析这些记录信息的曲线，就得到天体送来的各种宇宙信息。

表征射电望远镜性能的基本指标是空间分辨率和灵敏度，前者指区分两个彼此靠近的射电源的能力，分辨率越高就能将越近的两个射电源分开。灵敏度指射电望远镜“最低可测”的能量值，这个值越低灵敏度越高。射电望远镜通常要求具有高空间分辨率和高灵敏度。提高灵敏度常用的办法有降低接收机本身的固有噪声、增大天线接收面积、延长观测积分时间等。

由于地球大气的阻拦，从天体来的无线电波只有波长约1毫米到30米的才能到达地面。迄今为止，绝大部分的射电天文研究都是在这个波段内进行的。

传统的抛物面望远镜将入射的平面电磁波汇聚到焦点上，而球反射面汇聚成一段焦线，这限制了宽频带全偏振接收机的应用。为了克服这一困难，FAST球冠反射面在射电源方向形成300米口径瞬时抛物面，使得馈源舱内的接收机能和传统抛物面天线一样放在焦点上。

FAST球反射面将分成4450个反射面单元，由促动器控制，实现反射面的主动变形。由于巨大的空间跨度，在接收机与反射面之间难以建立高精度的刚性连接。FAST采用光机电一体化的索支撑轻型馈源平台，加之馈源舱内的二次调整装置，从而实现接收机的空间定位。同时，望远镜采用大范围、高精度、高采样率的测量与相应控制技术，完成反射面主动变形和精确的指向跟踪。

在馈源舱内配置国际先进的高品质多波束接收机，用于收集反射面汇聚的宇宙无线电波，通过宽带光纤传输到终端设备，分析获得的天体物理信息。

与美国阿雷西博 300 米望远镜相比，FAST 灵敏度提高了 2.25 倍，而且阿雷西博 20°天顶角的工作极限，限制了观测天区，尤其是限制了联网观测能力。

5 FAST的先进技术

- 球反射面：半径，300米；口径，500米
- 有效照明口径：300米
- 焦比：0.4611
- 天空覆盖：天顶角 40°
- 工作频率：70兆赫～3吉赫
- 灵敏度（L波段）：2000平方米/开尔文
- 分辨率（L波段）：2.9
- 多波束（L波段）：19
- 观测换源时间：小于10分钟
- 跟踪精度：8角秒

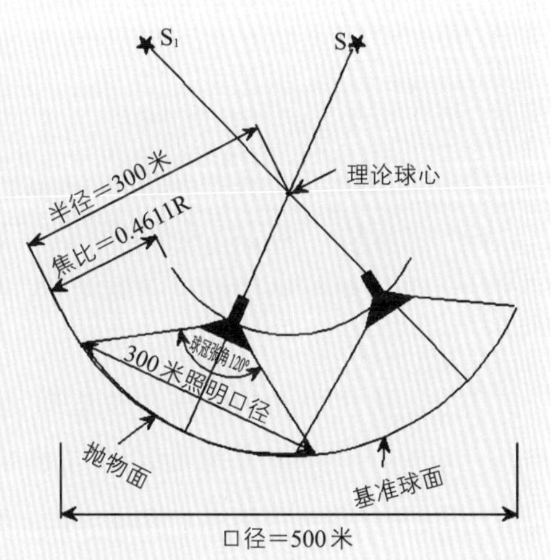

图2-26 FAST主要技术指标

高灵敏度

对于生物来说，不一定眼睛越大视力越好。但是对于望远镜特别是射电望远镜而言，“眼睛”越大就是“视力”越好。射电望

远镜的第一指标就是其接收面积，它代表了观测暗弱天体的能力，FAST是目前国际上最灵敏的射电望远镜。在此之前，国际上最大的全可动单口径望远镜有两台，一是口径100米的德国的艾弗尔斯贝格望远镜，二是口径100米的美国绿岸望远镜。与之相比，FAST灵敏度提高近10倍。

大天区覆盖

由于“中国天眼”的眼眶——大窝凼洼地巨大的尺度和深度，加上“中国天眼”的肌肉——主动反射面控制系统和光机电一体化的馈源支撑系统，FAST工作天顶角为40°，是美国阿雷西博300米望远镜的两倍。如果使用发展中的焦面阵馈源技术，它的天顶角有向60°发展的空间，由此获得的大天区覆盖将为望远镜提供更多的机遇。

宽频率覆盖及多波束

FAST工作频率覆盖70兆赫～3吉赫，这也与“中国天眼”的晶状体——反射面的精度、视网膜——馈源密切相关。这样的设计与望远镜的科学目标有关，近年来射电天文学的进展告诉我们，低频射电波段蕴藏着最多的突破与机遇。例如，通过观测高红移的中性氢，寻找宇宙暗物质和暗能量；搜寻第一代发光天体；发现更多脉冲星；寻找夸克物质和中子星—黑洞系统等。FAST频率覆盖至3吉赫，使它能开展高精度的脉冲星计时测量工作，同时作为一个主流望远镜参与广泛的国际联测。它的多波束馈源将使常规的射电天文观测效率提高10～20倍。

FAST由中国科学家创新设计、研发制造、组织施工。自1994年开始预研究到2016年落成，共历时22年。FAST的设计和建造实现了三项自主创新。那么“中国天眼”到底是如何建造的？在建造过程中又遇到了哪些困难与挑战呢？让我们详细了解这台世界上最大单口径射电望远镜的建造过程吧。

2013年12月31日，FAST工程圈梁钢结构顺利合龙。

1 梦想起航

古往十年磨一剑，今来廿载铸天镜。FAST从项目发起、概念形成、预研究、可行性研究、国家立项，到正式开工、全面建设、竣工落成，历经22个春秋。

1993年，国际无线电科学联合会在日本京都召开会议，筹谋21世纪初的射电天文学发展蓝图。来自中国、澳大利亚、加拿大、法国、德国、印度、荷兰、俄罗斯、英国、美国的天文学家分析了射电望远镜综合性能的发展趋势。为了观测不同宇宙距离上的中性氢，他们提出了建造下一代大射电望远镜（LT）的倡议。LT将是一个总接收面积为1平方千米的射电望远镜阵（1999年，LT改名为SKA）。科学家们期望，在电波环境彻底被破坏之前，真正看一眼原初的宇宙，弄清宇宙结构是如何形成并演化至今的。只有大射电望远镜才能帮助人类实现这一梦想，如果失去这一机会，人类就只能到月球背面去建造同样规模的望远镜。

在这一背景下，原中国科学院北京天文台提出了利用中国西南部的喀斯特地貌建造阿雷西博型LT的中国方案，最初起名为KARST。1994年2月，北京天文台组建了LT推进课题组。同年，与中国科学院遥感应用研究所合作，正式开展LT中国选址工作。选址工作得到了贵州省多家单位的支持。从1994年开始，选址专家们走访考察了400多个洼地，对其中90个制作了高分辨率数字地形图，并经过反复比较论证，最终选定贵州省黔南州平塘县克度镇金科村的大窝凼洼地作为望远镜台址。

1995年11月，由北京天文台牵头，联合国内20余所大学和科研机构，组建了大射电望远镜中国推进委员会，南仁东研究员任主任。

Astronomers Sign International Agreement to Plan Square Kilometre Array

Options for the stations of the SKA, from the top:
A set of large (>300m) spherical reflectors;
A large (>200m) reflector with the receiver supported by an aerostat;
An array of small (<10m) parabolic dishes;
A fixed planar (electronically phased) array;
An array of spherical (>10m) refracting lenses.

Leading astronomers from Europe, North America, Asia and Australia will today sign an agreement jointly to plan a huge new radio telescope, the Square Kilometre Array (SKA), which will come into operation in the middle of the next decade. The General Assembly is an ideal opportunity to inaugurate the next stage of development of this truly global project.

The signing ceremony will take place at 17:30hrs in the Bragg Lecture Theatre in the Schuster Building at the end of the joint session on 'Future Observational Multi-Wavelength capabilities in Astrophysics', organized by the Working Group on Future Large Scale Facilities (WGFLSF) and IAU Division XI (Space and High Energy Astrophysics). The last part of the programme is a round-table discussion about the process of international co-operation and coordination.

Radio astronomers regard the SKA as a paradigm for the organization of future global astronomy projects. The SKA was the first radio astronomy project to have been 'born global' following the guidelines for successful international collaboration discussed at the 1994 IAU General Assembly in The Hague. The current concept has grown out of discussions over the past six years within the URSI/IAU Large Telescope Working Group and the OECD Global Science Forum. An International SKA Steering Committee (ISSC) has now been constituted to promote and to oversee the planning of the project. The signing of a formal Memorandum of Understanding will establish the ISSC for a period of five years. The signatories will be:

Prof. Ron Ekers: Australian SKA consortium
Dr. Don Morton: Herzberg Institute of Astrophysics, Canada
Prof. Ai Guoxiang: National Astronomical Observatory, PR China
Prof. Rajaram Nityananda: National Centre for Radioastrophysics, TIFR, India
Prof. Harvey Butcher: European SKA Consortium
Dr. Jill Tarter: United States SKA Consortium

At present 24 leading institutions in ten countries have agreed to pool their research and development efforts, with each individual institution concentrating on only a part of the overall design. Their shared aim is to reach agreement on the fundamental design of the SKA by 2005 and to begin construction in 2010.

In order to achieve its ambitious astronomical goals, the design of the SKA will integrate computing hardware and software on a massive scale in a revolutionary break from current radio telescope designs. The SKA is a challenging project, and as Ron Ekers of the Australia Telescope National Facility says:

"Designing, let alone building, such an enormous technologically-advanced instrument is beyond the scope of individual nations, or even small groups of nations. The SKA is therefore being planned from the outset as a truly-global telescope project."

The SKA will be a uniquely sensitive instrument. Its collecting area will be 50 to 100 times larger than today's biggest radio imaging telescopes, the VLA and the GMRT, and 200 times larger than the pioneering Lovell Telescope at Manchester University's Jodrell Bank Observatory (which can be visited during the General Assembly).

The idea of the SKA sprang from radio astronomers' desire to detect the faint 21-cm emission from atomic hydrogen in structures formed soon after the Big Bang, and in the galaxies which developed from these structures. As ISSC member Peter Wilkinson (University of Manchester) says:

"One square kilometre is not just a convenient round number—it arises naturally from a desire to image the hydrogen gas in distant galaxies with 0.1 arcsecond resolution."

Radio astronomy has been crucial in discovering phenomena such as quasars, pulsars, gravitational lenses, superluminal motion and the cosmic microwave background. It has led to three of the five Nobel prizes awarded for work in astrophysics, including all those awarded for observational work. Major advances in knowledge can be expected from a new radio telescope with the sensitivity of the SKA.

Members of the SKA ISSC at last week's SKA Technical Workshop held at Jodrell Bank Observatory.

Radio telescopes have a big advantage over those operating at most other wavelengths, because they can see through cosmic dust. This dust often prevents optical telescopes seeing into star-forming regions and the centres of galaxies. The latest sub-millimetre results from SCUBA on the James Clerk Maxwell Telescope show that dust can even obscure entire galaxies at visible wavelengths. Radio telescopes have another advantage in that they can be combined in arrays to produce images with the highest resolution in all branches of astronomy. On completion the SKA will, therefore, be the world's premier instrument for astronomical imaging.

The SKA's superb resolving power-which could extend to one milliarc-second- and exceptional image quality will also provide crucial new information on the formation and early history of stars, galaxies and quasars unaffected by obscuring dust. Its enormously high sensitivity will mean that, for the first time, objects in the early Universe can be studied in detail in the radio range. The SKA is thus the perfect scientific complement to the large optical (e.g. CELT, ELT, OWL), infrared (NGST) and millimetre wave (ALMA) telescopes currently being planned.

A 6-page explanatory brochure about the SKA, written by the ISSC, has been widely distributed during the General Assembly. The full current science case for the SKA, and an electronic version of the brochure can be obtained from the SKA Web site at http://www.ras.ucalgary.ca/SKA

Peter N. Wilkinson
University of Manchester
Jodrell Bank Observatory

图3-1 国际平方千米阵概念和初步设计方案的提出

图3-2 中国LT方案的提出

图3-3 专家组在贵州选址

在对KARST概念的不断完善以及与国际科学界的交流探讨过程中，中国科学家形成了利用贵州喀斯特地形，建造阿雷西博型（即球反射面天线阵）的方案。这将是一个分布于数百千米范围内，由三十多面300米左右直径的天线构成的宏大工程，建成后将具有1角分至100毫角秒的分辨能力，从本质上提升射电天文成像能力。为了推进这一方案实施，中国科学家又提出首先独立研制一台新型的单口径巨型射电望远镜——500米口径球面射电望远镜。这个创意经过十多年反复锤炼才最终得以完善，其间中国多家科研单位对台址、主动反射面、光机电一体化的馈源支撑系统、高精度的测量与控制、接收机5项关键技术开展了长达14年的合作研究，凝聚了来自不同科研单位的多位中国科学家的创新概念（馈源支撑无平台驱动概念、反射面主动变形概念、馈源移动小车概念等）。2007年7月10日，FAST获得国家发改委批复，成功立项。2008年12月26日，FAST工程在大窝凼台址举行奠基

图3-4 FAST国际评审会

图3-5 FAST工程奠基

典礼。2011年3月25日，FAST正式动工。

FAST工程凝聚了国内外百余老、中、青天文及相关科技工作者的智慧和贡献，得到了贵州省、州、县、镇、村和国家科技相关主管部门（国家科学技术部、国家发展和改革委员会、国家自然科学基金委员会、中国科学院等）的理解和支持，50家企业上万工人为此付出了辛勤的汗水，同时也得到了国内外天文学界和3900万贵州人民的关注与期盼！

FAST在脉冲星发现和计时（引力波检测）、中性氢巡天（暗能量和暗物质探测）等方面将为科学家提供重大发现机遇！它也将成为诺贝尔物理学奖的摇篮，开启人类与地外智慧的“对话”，并最终有可能终结人类孤独。

2 为“中国天眼”找个家

为什么要选择喀斯特洼地做台址

巨型球面反射面射电望远镜的建造需要利用天然洼坑，这种地貌只发育在喀斯特地区。从1994年开始，FAST项目组使用遥感、地理信息系统、全球卫星定位系统（GPS）、现场考察与计算机图像分析等方法，对贵州南部喀斯特地区进行了多学科的台址评估工作。其中包括：在自然地理、地貌发育控制因素、洼地的形态特征、水文地质、工程地质、气象及电波环境等诸方面做了初步评估；根据洼地的包络，假定反射面参数以及在洼地中的位置，通过拟合计算了工程填挖量，并且给出了优化结果。科学家们最终完成了对候选台址的工程地质、水文地质初步综合勘探。众多国内外专家（包括两任阿雷西博天文台台长）曾到FAST预选区考察，FAST项目组专家也分别于1999年和2006年组团访问了阿雷西博天文台，他们都认为贵州预选区洼地是世界上独一无二的大型球面射电望远镜台址。

候选台址交通要相对便利，不必更多的额外投资。候选区内水利、煤炭资源丰富，大、中型水电站已有数十座。另外，贵州有一批电子、建筑、材料、机加工、能源和交通企业，均有可能部分参与竞标FAST建设。

科学家们经过台址综合评估，将FAST台址选定在贵州南部的喀斯特洼地——黔南布依族苗族自治州平塘县克度镇金科村大窝凼洼地。

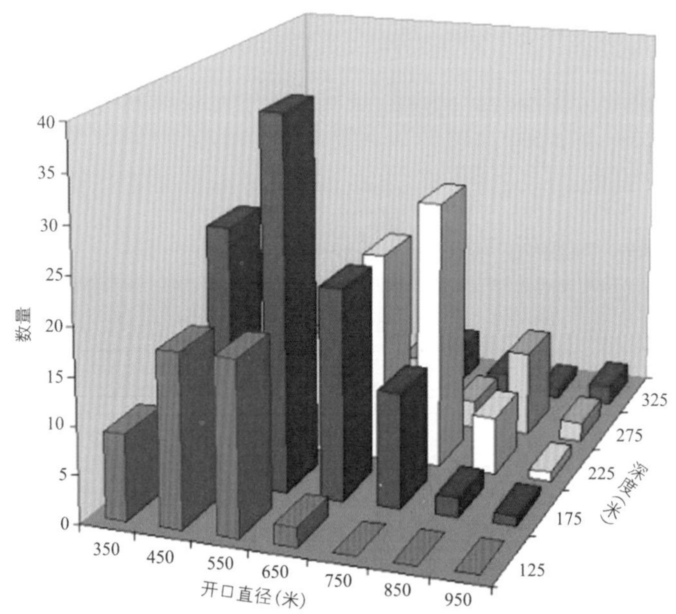

图3-6 平塘县洼地形态分布统计

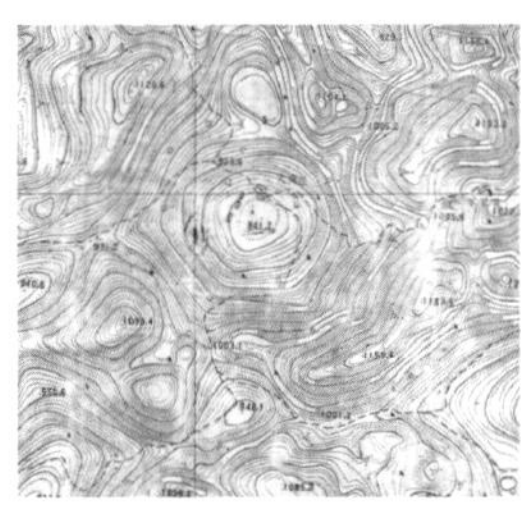
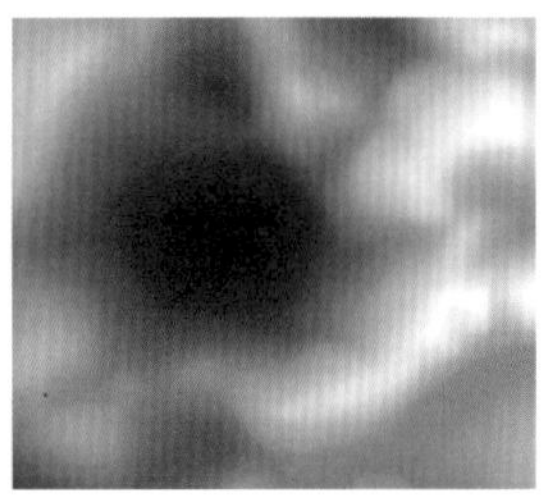
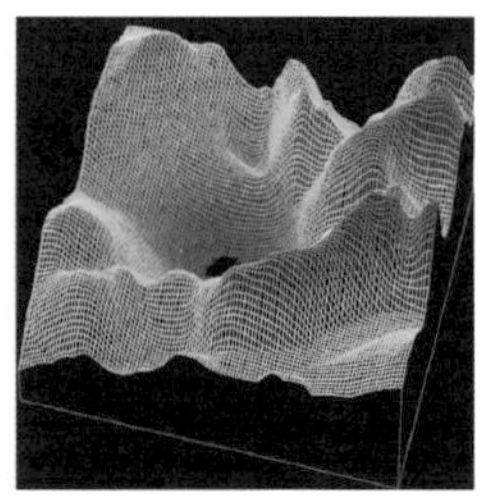

图3-7 大窝凼洼地地形、DTM图像及其三维显示

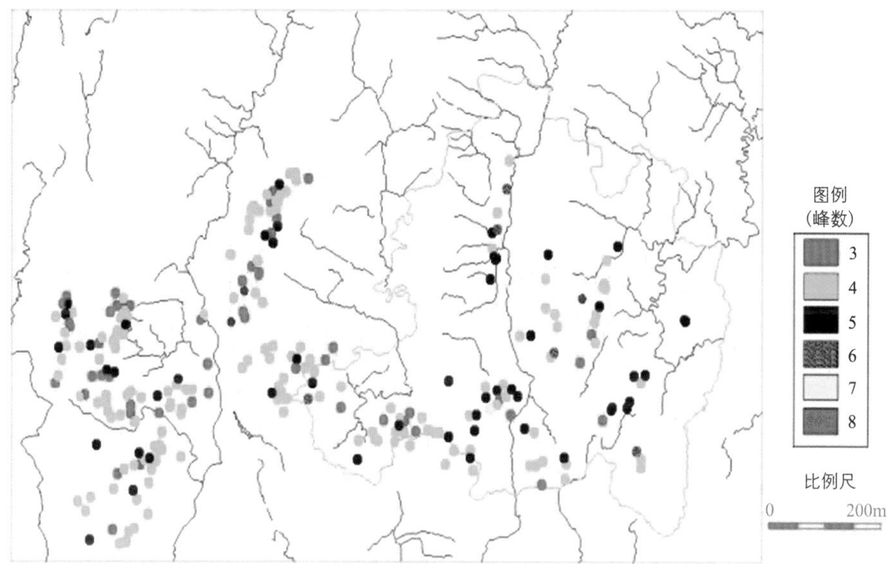

图3-8　平塘喀斯特洼地（含峰数）分布图

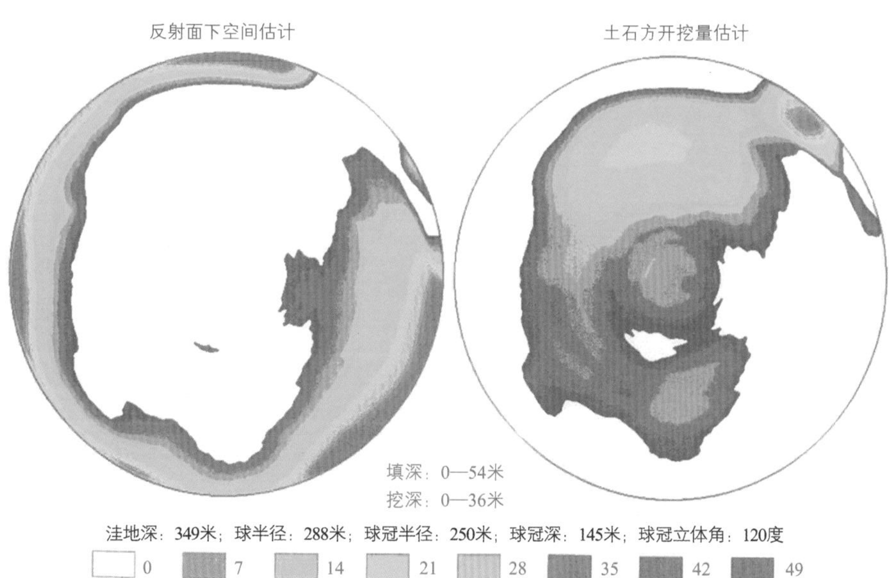

图3-9　球冠直径500米开口角120度时大窝凼洼地挖填土石方分析

图3-10 FAST台址洼地勘察现场和采集的岩土物理力学岩芯

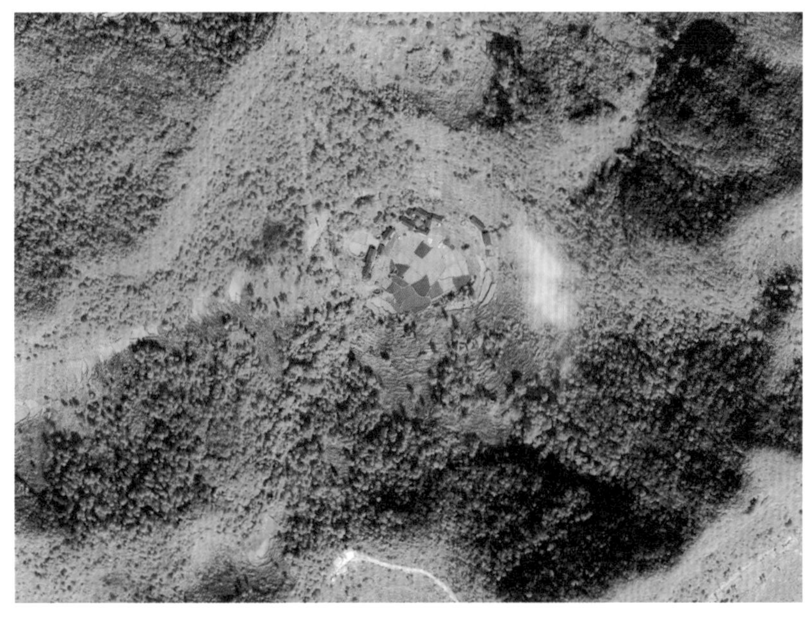

图3-11 快鸟卫星拍摄的大窝凼图片

必不可少的宁静电波环境

前面提到过，来自宇宙的射电信号非常微弱，它们极易受到人类活动产生的无线电的干扰。射电望远镜的运行，需要一个宁静的电波环境。而实际情况却是，随着全球经济的发展，射电天文电波环境正面临非常严峻的形势。

作为国际电信联盟划分的无线电业务之一，射电天文业务是接收来自宇宙的无线电信号，并将天文学和无线电相结合的一项业务。1933年，贝尔实验室的工程师卡尔·央斯基第一次在20兆赫频率发现并确认了来自银河系中心的射电辐射，为传统以光学观测为主要手段的天文学，揭开了新篇章。自诞生以来，射电天文学在天文学研究和国防应用等方面均取得了丰硕成果。

与其他业务相比，射电天文业务具有以下几个特点：

（1）灵敏度高。射电天文学观测的天体常处在离我们几十亿甚至是百亿光年以外的深远宇宙空间。来自太空天体的无线电信号极其微弱，因此射电天文接收机灵敏度必须非常高。为了得到很高的灵敏度，连续谱的甚长基线观测的带宽需达数百兆。

（2）射电天文观测不能任意选择频率。天体辐射的频谱可以分为两类：连续谱和谱线。前者主要由于热和非热辐射所产生的频谱，一般较宽；后者主要由于原子或分子通过能级的跃迁所产生的频谱，一般较窄。由于辐射机制的不同，射电天文各频带对应的科学目标不同，科学产出和意义也不同。

（3）无源性。射电天文没有发射，是无源业务，不会对其他业务产生干扰。其他不使用人造发射源的卫星地球探测和空间研究业务也属于无源业务。而我们日常使用的无线电广播、移动电话、集群对讲等众多无线通信系统，以及雷达、无线电信标等使用人造发射源的业务被称为有源业务。

为了切实保护射电天文观测站的电波环境，设立电磁波宁静区（RQZ）是减弱干扰的首要步骤。国际上射电天文台大多通过设立电磁波宁静区来确保射电天文观测的正常进行。国际电信联盟《无线电规则》规定，在特定条件下，允许不符合频率划分表的射电天文台站运行。

电磁波宁静区不等于是无线电禁止区，如在1400～1427兆赫，无线电规则要求禁止一切发射，但仍存在带外发射干扰的问题。电磁波宁静区是防止有害的无线电干扰。无线电干扰缓解措施会影响到电磁波宁静区的界定和范围。

国际电磁波宁静区包括月亮背面和拉格朗日点L2。国家电磁波宁静区则是由一个主管部门设立，可独立于国际无线电规则，管制地面业务，对卫星业务的影响极小或没有影响。电磁波宁静区通常包括两个不同的保护区域。

（1）电磁波限制区。该区域一般是以射电天文望远镜为中心的一个圆形或椭圆形的区域，主要控制来自供电和电子设备的无线电干扰，范围从几千米到几十千米，在此区域会限制重工业的发展，并且这样的区域通常由国家和地方政府设立。在该区域内不再发展新的无线电发射业务。在该区域内限制汽车、拖拉机等的通行，禁止使用微波炉和医疗器械等难以控制的宽频无线电设备。

（2）电磁波协调区。在该区域内，任何新建发射台站的发射对射电天文望远镜所产生的干扰都不能超过干扰保护限值。在此区域内欲建立任何非政府或政府的发射台必须向国家无线电管理机构提出申请，并同时通知射电天文台站有关的技术细节，射电天文台站可以在一定期限内提出反对和申诉意见。

电磁波宁静区的大小，根据射电天文台的地理环境和传播环境而确定，一般由射电天文台提出申请，国家无线电管理机构会同地方政府给予法律确定和保护。

FAST候选台址电波环境监测

1994至1995年，科学家对8个预选洼地在25～1500兆赫波段进行了采样监测。洼地的干扰电平是附近小镇的万分之一以下。为了保护这一资源，1998年中国科学院与贵州省签订了建立局域电波宁静区的协议。2000年1月和7月，贵州省无线电管理委员会办公室在洼地的观测结果表明，电波环境呈稳定趋势。

2003年11月，中国科学院国家天文台与贵州无线电管理委员会办公室签订了一年半的合作协议。由贵州无线电监测中心按照国际《无线电频率干扰RFI指南》要求，在中国科学院国家天文台的指导和配合下，完成了对贵州重点洼地射电干扰的测量和国际定标。2005年9月，对贵州大窝凼洼地进行了为期5周的无线电频率干扰监测，波段覆盖70兆赫～18吉赫。国际RFI监测小组组长曾说："这里的电波环境难以置信地宁静，是建造射电望远镜的理想台址。"

知识链接

RFI 全称为Radio Frequency Interference，即射频干扰或无线电频率干扰。对于射电天文来说，常见的射频干扰源有无线电、电视转播、雷达信号等。

FAST电磁波环境保护

为了保护FAST周边宁静的电波环境，2013年10月，贵州省人民政府令第143号颁布了《贵州省500米口径球面射电望远镜电磁波宁静区保护办法》（简称《保护办法》），设立了以FAST台址为中心，半径30千米的电磁波宁静区。在FAST台址周边进行严格电磁保护的前提下，并考虑保障周边乡镇人民的工作生活方便，将电磁波宁静区划分为3个不同电磁环境保护要求的区域。2016年9月，《黔南布依族苗族自治州500米口径球面射电望远镜电磁波宁静区环境保护条例》（简称《保护条例》）颁布施行，对台址半径5千米范围内电磁和生态环境进行保护，为FAST电磁宁静提供了法律保障。2017年8月，设立半径为30千米的空中限制区，迁移两条航线。同时，贵州无线电管理部门在频谱管理、干扰监测与查处等方面都给予了大力支持。

在保障FAST项目科学目标实现的同时，也需要实现与社会效益相结合的目标。为了促进项目建设及运行时对贵州省社会经济发展以及科技、教育、旅游、信息、制造等产业的推动作用，贵州省政府组织完成了《500米口径球面射电望远镜贵州省配套设施建设总体规划》的编制工作。与FAST相关的配套工作，如交通、旅游设施等也正在建设中。面对与众多无线电通信业务和当地经济发展项目的协调，如何在科学需求和地方发展中实现平衡，是电磁波宁静区保护的核心课题。

知识链接

FAST附近不能拨打手机　由于FAST具有极高灵敏度，极易受到来自外部和自身的无线电干扰。在其附近使用手机、电器或者高空上的飞机向地面发送信息，都会对FAST造成电磁干扰。

因此，为保护FAST免受无线电干扰，保障FAST正常运行和科学产出，2010年12月，电磁兼容工作组成立，负责无线电干扰保护协调。贵州省也专门立法，要求FAST周边5千米半径内的基站全部关掉。所以，FAST周边没有手机信号。此外，在FAST周边数码相机也不允许使用，汽车不能用电子打火。

3 排除万难造“天眼”

FAST工程建设耗时五年半，面对建设地点偏远、技术难度大、非标设备多等挑战，工程人员攻坚克难，于2016年9月按期完成了工程建设。

台址开挖与边坡治理工程

FAST台址开挖工程包括土石方开挖、边坡治理、道路和排水系统4项工程，为望远镜各工艺系统的安装创造基本的现场条件，同时为望远镜建成后的运行维护提供安全、稳定的外在自然环境和基本设施条件。开挖工程完成后，仍需持续进行台址稳定性监测及水土保持恢复、地质灾害治理等工作。

在施工过程中，面对复杂的地质情况和施工条件困难，项目组采用多种措施，对台址进行有效治理。（施工工期：2011年3月5日—2012年12月31日）

图3-12 开挖中的FAST台址

图3-13 2012年12月，FAST台址开挖与边坡治理工程通过验收

圈梁钢结构安装工程

圈梁是FAST索网的支承结构，由承台基础、格构柱及环梁构成。通过架设50根高度在6.419～50.419米之间的格构柱，将内圈直径为500.8米、高为5.5米、宽为11米的环梁支承在50个承台基础上。每个格构柱顶设2个抗震支座，不同温度下环梁的热胀冷缩可由滑移支座实现径向滑移。在周长约1600米的环梁下弦共有150个牵引索网拉索的节点球，每个节点球焊接一个拉索耳板，各耳板孔中心形成直径为500米的圆周。2013年12月31日，圈梁合龙，这是FAST工程建设的第一个里程碑。2014年9月11日，圈梁制造和安装工程通过验收。（施工工期：2013年4月27日—2013年12月31日）

图3-14 圈梁施工

图3-15 FAST工程圈梁钢结构完成合龙

图3-16 圈梁航拍图片

索网制造与安装工程

索网结构是FAST主动反射面的主要支撑结构，是反射面主动变位工作的关键点。索网制造与安装工程也是FAST工程的主要技术难点之一。2015年8月6日，索网制造和安装工程通过竣工验收，该工程的顺利完成也是FAST工程的重要节点，具有里程碑意义。

FAST索网是世界上跨度最大、精度最高的索网结构，也是世界上第一个采用变位工作方式的索网体系。2015年，FAST圈梁及索网工程获“中国钢结构协会科学技术奖特等奖”。（施工工期：2014年7月17日—2015年2月4日）

图3–17　索网安装

图3-18　2015年2月，FAST索网工程完成合龙

馈源支撑塔制造与安装工程

馈源支撑塔是FAST望远镜馈源支撑系统的主体承载结构，是钢索承载和驱动的依托支架，并为塔顶导向滑轮提供足够刚性的支撑平台，保证驱动钢索能够牵引馈源舱在预定轨迹上运动。该工程于2014年11月30日通过竣工验收。（施工工期：2014年3月15日—2014年11月15日）

图3-19　馈源支撑塔

图 3-20 馈源支撑塔全貌

索驱动制造和安装工程

索驱动作为世界最大的绳牵引并联机构，是FAST工程的三大自主创新技术之一。它由驱动机构、导向机构、缆索装置、控制系统、设备基础及其他附属设施组成。2014年10月12日，索驱动现场安装工作正式开始，2015年2月10日，FAST望远镜索驱动第一根支撑索安装成功。2016年11月29日，索驱动制造和安装工程完成验收。（施工工期：2014年10月12日—2015年5月18日）

图3-21 FAST望远镜索驱动第一根支撑索安装成功

FAST工程主动反射面液压促动器工程

反射面液压促动器在上一级控制系统的控制下，通过液压促动器活塞杆的伸缩实现精确定位、协同运动，通过调整下拉索下端的位置，间接同步调整索网节点位置，实时实现高精度的300米口径瞬时抛物面，满足天文观测的跟踪、换源等运动要求。同时，液压促动器还可根据上位机查询指令，将自身各项状态信息上报给上一级控制系统。

2015年3月29日，首批100台液压促动器产品完成制造、检测和出厂，液压促动器的生产也随之步入正轨。2015年7月，全部促动器的制造、现场安装和调试工作完成。

图3-22　促动器安装

图3-23　FAST望远镜底部反射面，黄色的促动器通过下拉索连接背架

馈源舱制造与安装和舱停靠平台

馈源舱主要包括星形框架、AB轴机构、Stewart平台、多波束接收机转向装置、舱罩和其他附属设备等。2014年10月，馈源舱（代舱）开始在大窝凼现场进行安装，随后配合索驱动的调试实验，于2015年3月完成预验收。代舱作为馈源舱的代替舱，主要用于FAST的前期调试和实验。2015年11月21日上午11时，FAST馈源支撑系统首次升舱成功，这标志着FAST工程馈源支撑系统正式进入6索带载联调阶段。2016年2月17日，开始馈源舱正舱的现场安装工作。2016年7月11日，馈源舱（正舱）正式升舱至137米。

舱停靠平台位于主动反射面中心底部，是馈源舱安装、入港停靠、维护、检测平台，也是安装更换索驱动缆索的平台，2015年11月30日，舱停靠平台完成验收。

图3-24 FAST馈源舱（代舱）首次升舱成功

测量基墩和综合布线工程

测量基墩是FAST工程测量与控制系统的主体建筑。通过在大窝凼洼地内建造24个伸出反射面的基墩，为高精度测量仪器提供稳定可靠的安装平台，实现对反射面节点位置和馈源舱位姿的测量，为反射面和馈源支撑控制提供测量数据。（施工工期：2013年5月—2014年10月16日）

综合布线工程（内网高低压配电、测控网络和安防工程）相当于FAST的神经网络，是所有指令信号、数据传输、动力传输的通道，也是FAST高效运行的保障。2016年6月25日，综合布线工程通过验收。（施工工期：2014年4月—2015年8月）

图3-25 测量基墩

反射面单元研制与安装

FAST反射面单元就是大锅上的面板，就像光学望远镜的镜面。大锅为口径500米、半径300米的球面，反射面单元通过顶点处具有一定自由度的关节与主索网节点连接，从而形成FAST反射面。主动变位是反射面的最大特点，通过主动控制在观测方向形成300米口径瞬时抛物面以汇聚电磁波，观测时抛物面随着所观测天体的周日运动而在500米口径球冠上移动，从而实现跟踪观测。反射面工程是FAST最后一个设备工程，经过了11个月的努力，施工人员克服了大尺度、高精度的拼装施工难点以及跨度大、位置高等吊装施工难题，2016年7月3日，最后一个反射面单元吊装完成，这标志着FAST主体工程完工。

图3-26 施工人员正在安装最后一个反射面单元

接收机与终端研制

FAST工程设计研制了7套接收机和终端，包括接收机、时间频率标准、数据传输、处理、存储和接收机监视及诊断系统，供望远镜联调和科学观测使用。

馈源的作用是将反射面汇聚的球面波转换为波导和同轴线中传输的导行波。在各个波段，根据不同的频率覆盖范围采用不同的馈源形式。70～140兆赫、140～280兆赫这两个馈源工作的波段天空背景噪声较高，因此采用常温前置放大器和射频电路，整个接收机在环境温度下工作。270～1620兆赫宽带馈源由我国与美国加州理工学院合作研制，其中馈源由我国自行加工和调试，2016年9月，该接收机完成安装。560～1120兆赫馈源采用波纹喇叭，极化器采用宽带阵子加波导的形式；1100～1900兆赫、2000～3000兆赫馈源采用波纹喇叭，极化器采用四脊片加波导的形式。频率覆盖1050～1450兆赫的接收机为19波束的多波束接收机，采用了19个独立的馈电单元，每个馈电单元由馈源、真空窗口、热隔离波导、极化器组成。2018年5月，19波束接收机安装完成，它意味着FAST在L波段的视场扩大至原来的19倍，大幅度提高了FAST的巡天效率。

图3-27 FAST低频宽带馈源安装在馈源舱下平台

图3-28 19波束馈源实验室测试图

图3-29 19波束L波段接收机

观测基地建设

观测基地建设是FAST建设、运行和维护的基础保障，主要有两个部分：（1）观测基地基本建设，包括综合楼、食堂及附属楼、1号实验室和2号实验室；（2）公用及配套设施，包括道路工程、供水工程、供电工程、通信工程等。观测基地立体工程于2016年7月31日竣工。（施工工期：2015年10月19日—2016年7月31日）

电磁兼容研发与实现

FAST的灵敏度非常高，极易受到电磁干扰。因此，一方面需要保护台址周边宁静的电波环境，另一方面由于FAST工程复杂，电气电子设备多达数千台套，对FAST自身电磁兼容要求也非常高，需要对FAST进行电磁兼容专项设计。为了保护FAST免受电

图3-30 综合观测楼

图3-31 FAST总控室

磁干扰，保障正常运行和科学产出，电磁兼容工作组对FAST进行了系统全面的电磁兼容设计并顺利实施。

FAST工程早期科学研究

在FAST投入运行前的5年时间里，中国射电天文界将利用现有的设备，在相关的领域取得国际领先的成果，并为FAST的正式运行作科学上的准备。同时，FAST工程成立了科学部，并获得科技部973项目支持，其目的是培养射电天文人才并进行早期科学研究，以期在FAST建成后能由中国科学家主导研究并取得重大成果。

经过5年半的建设，2016年9月25日，FAST工程竣工。

图3-32　建成的FAST

图3-33　FAST航拍图

图3-34　FAST落成启用，工程团队合影

④ 技术挑战与设计突破

主动反射面

（1）促动器

为了实现FAST反射面表面从球面到抛物面的变形，需要建造2225套液压促动器装置。促动器可根据控制指令执行索网机构的变形运动与定位。

FAST工程主动反射面涉及2225台促动器设备，这些设备在望远镜观测期间需要连续运行，作为反射面实现实时抛物面的具体执行部件，其功能和性能需求之复杂、工作状态之特殊、数量之多、负载之大、连续运行时间要求之高，都是对当前的国内外工业技术水平的极大挑战。虽然整个项目的经费和时间都极为有限，但是在高可靠性散热、精确位置控制、高屏蔽效能、高维护性、模块化设计、轻量化设计、简化设计、光纤通信设计、嵌入式控制、程序下装等方面仍取得了一系列技术突破，工程技术人员通过化整为零（用小的易于更换的零部件化解大的部件风险）和广义可靠性（结合维护性的可靠性设计）等措施，大幅度降低了项目风险，保证了工程按时竣工，为FAST后续调试、维护和优化升级打下了良好的技术基础。在FAST工程主动反射面液压促动器的研发和制造期间，工程技术人员一共申请获得了14项国家专利。

图3-35　FAST液压促动器

（2）索网

FAST索网为球形索网，用于承载三角形反射面单元，索网上每个节点都通过下拉索与液压促动器相连，并由促动器连接到地面上的地锚点。索网采取主动变位的独特工作方式，即根据观测天体的方位，利用促动器控制下拉索，在500米口径反射面的不同区域形成直径为300米的抛物面，以实现天体观测。

FAST索网是世界上跨度最大、精度最高的索网结构，也是世界上第一个采用变位工作方式的索网体系。索网制造与安装工程也是FAST工程的主要技术难点之一，其关键技术问题包括：超大跨度索网安装方案设计、超高疲劳性能钢索结构研制、超高精度索结构制造工艺等。而索网工程的顺利完成，意味着FAST工程已经在上述技术难点上实现了实质性突破。

图3-36 反射面背面的下拉索连着总共2225个促动器

索网结构直径500米，采用短程线网格划分，并采用间断设计方式，即主索之间通过节点断开。索网结构的一些关键指标远高于国内外相关领域的规范要求。例如，主索索段控制精度须达到1毫米以内，主索节点的位置精度须达到5毫米，索构件疲劳强度不得低于500兆帕。整个索网共6670根主索、2225个主索节点及相同数量的下拉索。索网总质量约为1300余吨，主索截面一共有16种规格，截面积介于280至1319平方毫米之间。由于场地条件限制，全部索结构须在高空中进行拼装。

（3）反射面单元

FAST反射面单元依照主索网的结构形式及尺寸进行设计，普通三角形反射面单元的设计边长为10.4～12.4米，每个反射面单元重427.0～482.5千克，结构厚度约1.3米，反射面单元通过3个端点处的连接机构安放在索网节点盘上。

FAST用于接收遥远、微弱的电磁波信号，因此其落户在没有无线电干扰的贵州黔南。但贵州潮湿、多雨的气候条件给反射面单元运输与拼装等带来了困难，所以，反射面单元设计研制需集思广益，创新思维。

首先，为接收到遥远、微弱的电磁波信号，反射面的面形精度要达到一定的要求，具体到每个反射面单元指标要求是均方根误差小于等于2.5毫米，其面形为曲率半径等于315米的球面。对于一个边长约11米的三角形反射面单元，要克服重力、风载对其影响，保证反射面单元面形满足要求，反射面单元就不能是一个简单的结构，它要具有足够的刚度和强度，还要有面形调整装置。其次，必须考虑反射面单元的防腐问题。再次，反射面单元边长约11米，因此反射面单元不能在工厂做成一个整体运到现场，必须采用现场拼装、调整及检测的设计方案。此外，FAST在跟踪观测中索网节点在促动器的作用下按一定的规律沿球心方向做前后运动，在此运动作用下反射面单元也会进行相应的运动，因此反射面单元端点处必须有相应的连接机构与索网节点盘相连。最后，反射面单元不能做得过重，要是反射面单元太重了，索网、圈梁的受力都会增加，并导致建设成本的增加。

每个反射面的面板单元共由100个铆接式面板子单元拼接组成。面板子单元由冲孔铝板、连接盘、檩条等组成，安装在背架上方66个可调整的节点上。透孔率大于等于50%（透孔一方面能够减重，另一方面其透光性有利于反射面单元下面植被的生长）。

为了保证反射面单元最终的面形精度，基本类型反射面单元的面板子单元铆接完成后，水平放置状态下面板中心挠度不大于1.5毫米。

知识链接

下雨会对FAST造成影响吗 实际上，降水、云等气象因素对波长较长的电磁波传播造成的影响微乎其微，只对波长较短的电磁波有一些影响，而FAST的工作波长，特别是核心工作波长几乎不受影响，因此，不论白天黑夜、晴天雨天，FAST都可以进行观测。

那么在暴雨天FAST会被水淹吗？也不会，因为FAST的反射面的铝板上打满了孔，可以让雨水漏过去，而FAST台址所在的喀斯特洼地也具有天然排水系统。除此之外，反射面下面还专门修建了排水渠。而且反射面下面的植被因为有充足的阳光、水和空气，能够正常生长，从而对FAST底部的岩石和土壤形成可靠的保护。

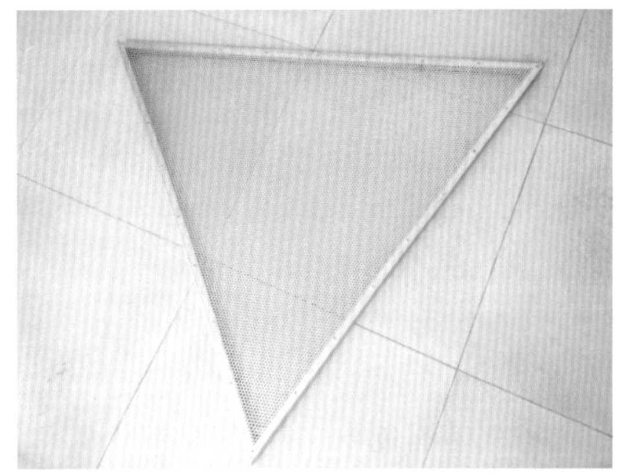

图3-37 面板子单元

图3-38 冲孔铝板的开孔形式

图3-39 三角形网眼铝板反射单元及支撑背架

索驱动

阿雷西博望远镜采用3根巨大的钢索悬吊了一个近千吨的巨大平台，如果FAST按照这种方式建设的话，那么这个平台的质量将达到万吨。这不仅工程造价高、建设难度大，而且技术上也超出了现在的工程极限。

中国的科学家们提出了一个大胆的设想：采用光学、机械、电气一体化技术，利用6根轻量的钢索来拖动一个巨大的天文接收设备平台——馈源舱，实现望远镜接收设备的高精度指向跟踪。该创新技术使得近万吨的信号接收平台质量降到了几十吨。从机构学上来说，这称为柔索牵引并联机构。FAST是目前世界上建成的最大跨度的柔索牵引并联机构。在FAST工程中，这部分称为索驱动工程。

索驱动须实现馈源舱的大范围、高精度空间定位，是一个极具挑战性的技术难题。索驱动集合了天文、无线电、机械、电气、通信、测量、控制等十几个专业领域。具有跨度大、柔性控制精度高、调速范围广、工艺复杂、安装难等技术特点，多项技术突破了现有的标准和规范，无先例可循。在建设过程中，我们研制出了性能远优于国军标要求的FAST动光缆，该项光缆技术为世界首创。同时，我们创新性地研制了窗帘式缆线入舱机构，满足了FAST观测信号的传输要求。针对索驱动设备中含有大功率电子器件和运动机构，我们采取达到了国军标最高级要求的电磁屏蔽措施，其中许多技术方案都是首次使用。

索驱动系统包括6套驱动机构，每套驱动机构包括了一个功率为257千瓦的大型电机，通过电机来驱动高减速比的减速机，并带动卷锁的卷筒旋转。电机、减速机、卷筒、制动器这些设备其实就组成了一套生活中常见的卷扬机。只不过FAST工程对此要求的精度更高、功率更大。

图3-40 索驱动系统厂内联调

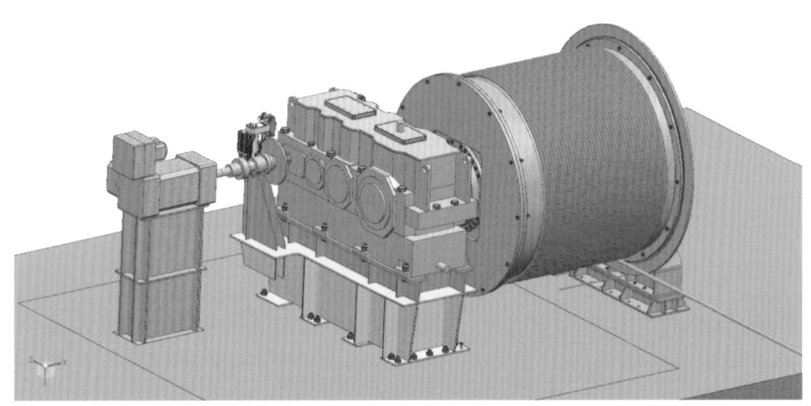

图3-41 索驱动系统传动机构

在6座百米高铁塔的塔底及塔顶分别有一个直径为1.8米的大滑轮，塔顶的滑轮可以随着天文接收设备的运动方向转动，它的作用主要是改变钢索的方向。柔索牵引并联机器人主要由安装在塔底侧机器房中的驱动机构拖拽钢丝绳来驱动馈源舱在空中运动。钢丝绳一端固定在驱动机构的卷筒组上，通过塔底导向滑轮和塔顶导向滑轮将钢丝绳引到塔顶，通过钢丝绳锚固装置与天文接收设备平台相连。

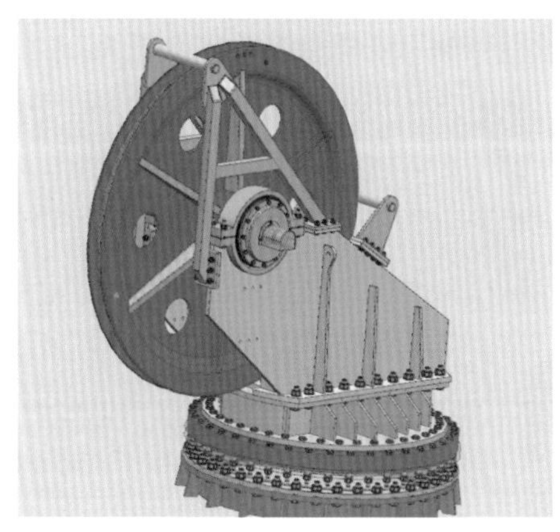

图3-42 塔顶导向滑轮

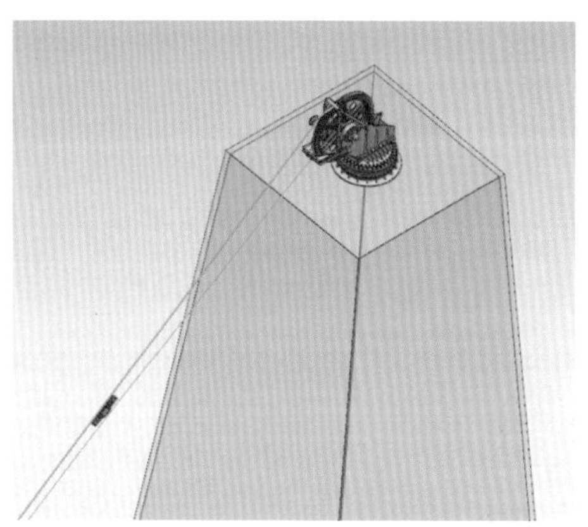

图3-43 塔顶导向滑轮及窗帘机构

（1）动光缆

FAST馈源支撑的最大特点在于馈源舱与地面之间的柔性连接，这种柔性连接随着馈源舱的大范围移动而不断改变长度和方向，这使得我们很难在馈源舱与地面之间建立固定的缆线进舱连接机构。光机电一体化的馈源支撑是一种全新的设计，望远镜地面控制室与空中馈源舱的信号传输是望远镜的一个关键技术，其工作状态类似于常规通信中使用的架空光缆。但其特殊之处在于，光缆会随馈源位置的调整而不停地收放。不同于常规的光缆相对静止的工作状态，FAST使用的光缆要在不断的往复弯折运动过程中传输模拟信号，同时，它还必须具备非常低的损耗，以满足天文接收机的信号监测通道。光缆的外护套不仅要经受风吹、日晒、雨淋等恶劣自然环境的考验，还要接受不断弯折、运动的过程对光缆各个组成部分产生机械老化的影响。

FAST工程技术人员与高校、企业合作，历时4年，研制出了动光缆，其10万次弯曲疲劳寿命是国军标要求的1000倍，运动状态下小于0.044分贝（1%）的信号衰减变化率比国军标要求减少了75%。此项成果在“第63届国际线缆大会”上做了专题报告。动光缆作为世界首创，于2015年向市场正式推广。

(2) FAST观测信号的传输技术

FAST的馈源平台在距离洼地高140～180米的空间进行运动，空中的馈源舱和地面的控制室之间采用大跨度的柔性支撑结构来连接，为了实现向高空中悬吊的馈源平台提供电力和信号传输通道，项目组创新性地提出了窗帘式缆线入舱机构，为6根钢索悬吊的馈源舱建立了动力和信号传输通道。在每根索悬挂了86个滑车，滑车之间采用细钢丝绳牵引，钢丝绳变长时，滑车也全部展开；当钢丝绳长度变短时，馈源平台一端的滑车堆积到一起。滑车不但要坚固、能够耐贵州酸雨天气造成的腐蚀，同时还要质量轻，因为如果滑车过重，会对馈源平台的位置和姿态的控制精度造成影响。

图3-44 窗帘式缆线入舱机构

(3) 电磁兼容 (EMC)

射电望远镜对电磁环境的要求极高，在望远镜设备运行期间，设备本身会产生各种电磁信号，这些信号会对望远镜的天文接收设备产生严重的干扰，甚至会损坏天文接收设备。

设备中含有大功率电子器件和运动机构，设备运行期间会释放无线电波，屏蔽难度大。我们虽然在机房建了屏蔽室，将设备安装在屏蔽室内，以防止设备产生的无线电波泄漏出去，但由于钢丝绳在机房必须开口，电机在传动时会穿过机房的墙板，这样就会导致电磁波的泄漏。项目组采用了一种迷宫式的结构，加在电机的传动轴上，对电磁波进行衰减，有效地防止了电磁波的泄漏。

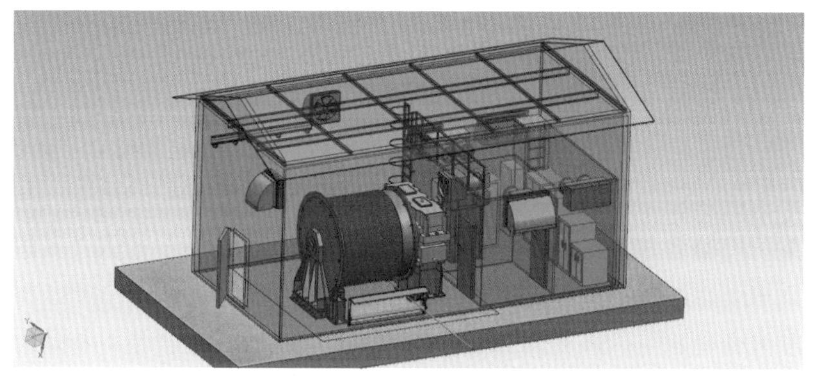

图3-45 索驱动屏蔽室

（4）安装难度大

索驱动单件设备最大质量达13吨，需要安装到与路面高差30米的山上的机房内，因为坡度大，无法使用大型吊装设备。于是，项目组建造了一条拖动轨道，用卷扬机将大型设备拽到山上的机房内。

支撑索安装的主要技术难点在于：钢丝绳安装跨度大，高差达277米，单根钢丝绳长度超过600米，水平跨度300米，直径46毫米，质量高达6吨。6根钢丝绳下方各悬挂一根直径26毫米的电缆，其中3根钢丝绳下方还需各悬挂一根直径12毫米的48芯光缆，为此，电缆和光缆的悬挂采用独特的窗帘式缆线入舱机构。缆线入舱机构部件种类多，工况复杂，对其可靠度要求极高，根据工况和受力情况，每根钢丝绳上需安装4类滑车，共86套。

受钢丝绳质量和跨度大、滑车和电光缆安装复杂、施工空间小等复杂工况影响，施工单位多次研究，反复实验，最终决定采用粗细两套工艺绳，通过细绳牵引粗绳，粗绳牵引钢丝绳的方案，历经两次钢丝绳退扭，逐步将直径46毫米的钢丝绳由大窝凼的底部经过塔顶的导向装置拉至机房卷筒上封固，在牵引钢丝绳的同时，将86套滑车和电、光缆随钢丝绳安装到位。安装完成后，索驱动系统对历经4年研制的FAST 48芯动光缆进行通信测试，最终信号传输顺利。

馈源舱

馈源舱是FAST工程的核心部件，是一个集结构、机构、测量、控制等相关技术于一体的多变量、非线性、复杂的耦合多体动力学系统。馈源舱直径为13米，质量约30吨，其主要功能是克服悬索控制下的风扰和其他扰动，实现馈源的精准定位。舱内的两个主要机构分别是AB轴机构和Stewart平台。

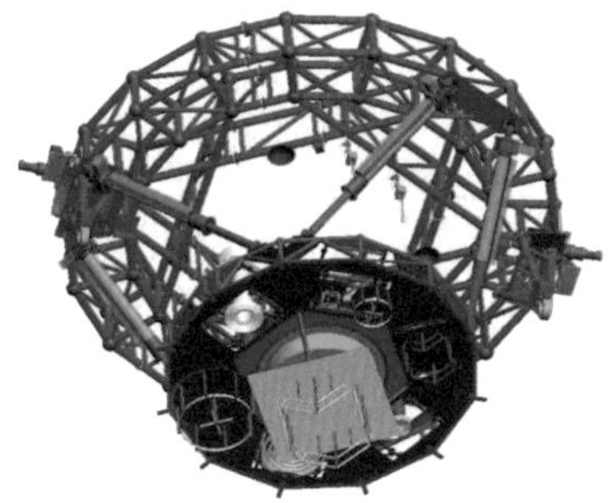

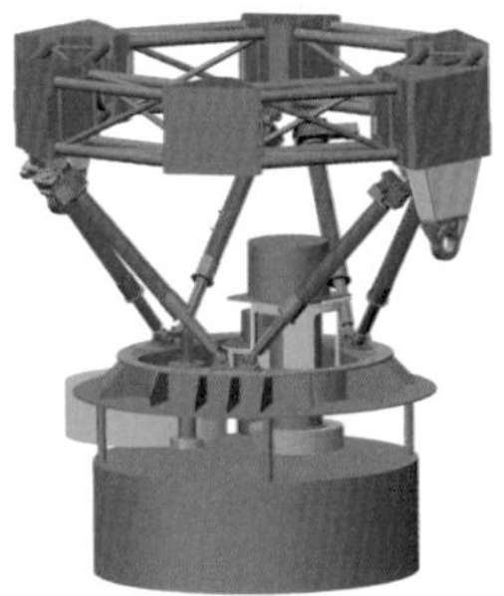

图3-46 Stewart平台

知识链接

- **AB轴** 双向旋转机构，即能够绕两个方向做旋转。
- **Stewart平台** 一个典型的并联机构，也是一个标准名词。它用六杆伸缩实现平台的六个自由度运动。

馈源支撑系统可分为粗定位和精定位。粗定位是通过6根数百米的钢索连接馈源舱的3个锚固头支座，钢索驱动直径13米的馈源舱在跨度约206米的焦面上运动，并与AB轴机构一同实现馈源的天文轨迹规划，粗定位精度可达48毫米。为了满足天文观测需求及FAST建设任务要求，馈源舱内使用一个Stewart平台作为精调定位机构，用于减少和抑制风扰对馈源定位的影响，进一步将馈源的定位精度提高至均方根值10毫米以内，以达到天文观测精度要求。

馈源舱的方案经历了索与Stewart平台协同控制方案、索与小车方案等阶段，直至2008年初才基本确定了现有的AB轴与Stewart平台为主体结构的方案。2009年，清华大学在中国科学院国家天文台的经费支持下，在密云建设了一个1∶15馈源支撑系统的模型，该模型实现了现在我们看到的馈源支撑系统的主体功能，终端控制精度达到1毫米。2010年，为了细化馈源舱的结构，清华大学继续开展了馈源舱的方案设计，直至2011年9月完成了馈源舱的方案设计，最终确定了馈源舱的主体结构形式。

随后，又经历了半年的方案优化设计，馈源舱进入了详细设计阶段，经过调研和单位遴选，最终确定了中国电子科技集团公司第五十四研究所为馈源舱设计、制造、安装与调试总承包合作单位。馈源舱进入正式的研发和建设阶段。

（1）馈源舱的主要组成

馈源舱的主要组成部分如图3-47所示，其中，星形框架是主体承载结构，通过3组锚固头与索驱动连接，安装动态监测、防雷、配电、接收机、控制机柜及维修、消防、照明等设备；AB轴机构绕正交的A、B两轴旋转，通过控制系统实现馈源姿态的初调；Stewart平台承载馈源接收机，通过控制系统实现对接收机的精密调整；多波束转向装置安装在Stewart平台上，实现多波束接收机的轴向旋转；舱罩固定于星形框架上，用于将舱内设备与外环境隔离和电磁屏蔽。布线包括绕线机构及舱内电缆。配电单元为各系统提供工作电源。监测系统包括温湿烟传感器、摄像机等，将舱内状态传输给地面系统。电磁兼容措施单元用于对干扰超出限值的设备进行屏蔽、接地、滤波防护。

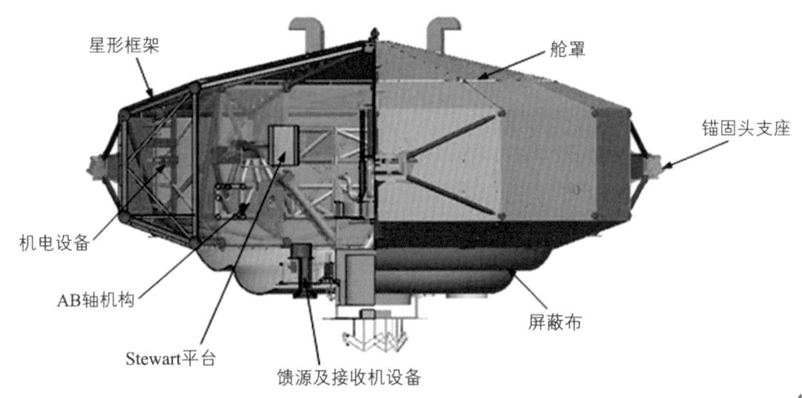

图3-47 馈源舱结构

直观地看，直径13米的馈源舱在500米口径的FAST中并不显眼，从照片中往往还需要仔细去寻找才能发现。但是，馈源舱却是一个复杂的部件，涉及的接口很多，如索驱动、舱停靠平台、接收机、测控设备等，这也使得馈源舱的设计面临很多限制和要求，比如质量与尺寸的限制、高标准的电磁兼容、复杂的控制方案等。

（2）馈源舱的质量与尺寸限制

馈源舱是通过索驱动牵引至140米的高空，舱内的AB轴与索驱动共同实现馈源的轨迹规划。经过仿真分析，综合考虑成本、尺寸、性能以及安全等因素，馈源舱的质量不宜超过30吨。

根据最初的设计要求，馈源舱内Stewart平台需要安装9套馈源，覆盖70兆赫～3吉赫频段，直径13米，总质量为30.7吨。

知识链接

馈源舱的主体设计思路 馈源安装需求→Stewart下平台→Stewart平台优化设计→AB轴机构→星形框架。在这个总体设计思路的基础上，需要考虑Stewart下平台和星形框架处的测量接口、星形框架与索驱动的连接接口、星形框架内的机电设备与安装接口、舱内的走线接口等。

随着设计的深入和细化，馈源舱的质量不断突破，最后达到34吨，这将使得索驱动单根绳索的受力增加，降低绳索的安全系数，不利于索驱动的长期安全使用。恰在此时，随着馈源与接收机的设计升级，9套馈源的频段进行了重新分布，馈源变为7套。根据7套馈源舱特点及观测要求，馈源舱进行了新的优化设计，将Stewart平台的下平台变成两个下平台，减小了下平台的尺寸，同时改变AB轴和星形框架的形状，不仅大大降低了质量，也保证了原有的结构刚度。

最后在保证馈源舱与索驱动接口不变的情况下，质量降至29.8吨。

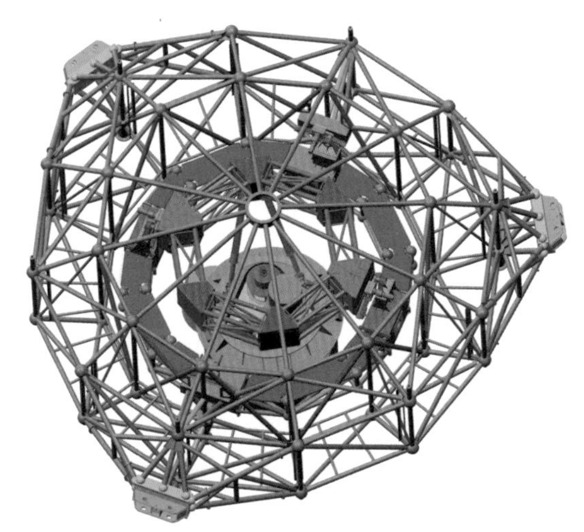

图3-48 馈源舱的主体形状

值得一提的是，在结构设计过程中，基于馈源舱现场安装的方便性的考虑，最初馈源舱主体结构计划使用螺栓连接的方式。但是，由于质量的限制，设计人员不得不放弃这样的安装方式，改为焊接。然而，由于电磁屏蔽要求高，对舱罩焊接也有特殊的要求，最终，增加了大量现场焊接工作，这也对工装和焊接提出了更高的要求，增加了施工难度。

（3）馈源舱高标准的电磁兼容

由于单口径射电望远镜的特性导致所需要的信号接收系统灵敏度非常高，这就要求其周围的设备所产生的电磁干扰必须小于装置的接收能力，特别是接收馈源附近的电气设备。FAST项目电磁屏蔽的要求远远高于我国军标GJB151A指标，所以必须投入更多的精力和成本。

依据国际电信联盟对射电天文干扰保护限值的建议文档（ITU-R RA.769）要求，根据馈源舱内设备及结构特点，在使用频率范围70兆赫～3吉赫内，理论估算馈源舱应满足大于160分贝的屏蔽指标。为了实现这一指标，对馈源舱整体结构采用钢板屏蔽，并对有可能产生电磁泄漏的地方采取屏蔽措施，使整个舱体成为无缝屏蔽导体。对舱内设备主要采用屏蔽隔间进行电磁屏蔽，对有些电磁辐射较高的设备采用两段式屏蔽措施。对电磁屏蔽指标分配如下：馈源舱外层屏蔽80分贝，馈源舱内部屏蔽80分贝。

根据设计，对馈源舱整体采用钢板屏蔽：星形框架外表面焊接0.8毫米厚的不锈钢板，钢板与星型框架无缝隙连接避免电磁的泄露。馈源舱整体屏蔽是利用馈源舱最外侧的保护外壳，采用0.8毫米厚的不锈钢板，将其封闭成一个屏蔽体，在外侧开有一个人员进出的维护门。馈源舱整体屏蔽体内分隔成两个相对独立的隔间，相邻的屏蔽隔间之间焊接屏蔽钢管，用于相邻屏蔽隔间之间的线缆连接，每个隔间需一个门用于设备安装进出。为了通风，对应增加了波导通风窗和强制排风设备。馈源舱内Stewart平台的下平台是一直运动的，为了满足其运动要求，星形框架至下平台

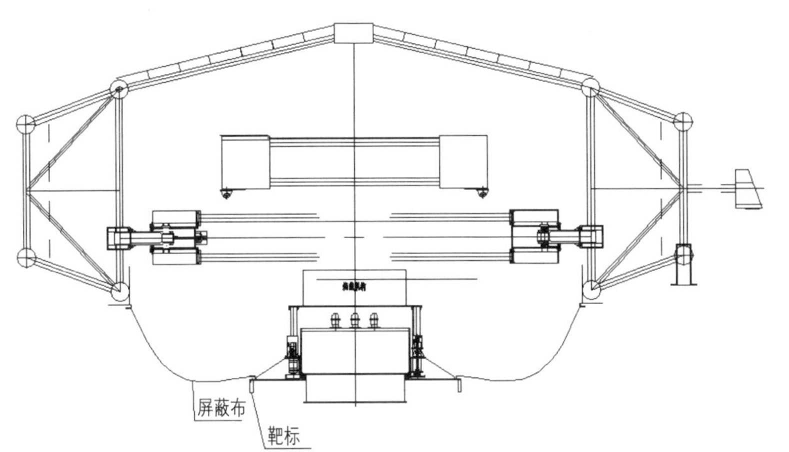

图3-49 馈源舱金属舱体部分设计

部分采用了双层屏蔽布加防雨层的设计，保证了屏蔽效能和环境适应性。

对于舱内的设备，根据电磁干扰的特性进行重新归类划分成：电源、信号线路部分；伺服驱动器部分；机械驱动部分（电机、编码器等）；其他设备（GPS、摄像机等）。

电源进出线均使用电源滤波器，滤波器屏蔽效能对舱外160分贝，对舱内80分贝以上，不能使用滤波器过壁的舱内信号线缆，如电机线、相机信号线、控制线路等采用屏蔽线管加铁氧体磁环的形式将线缆包裹起来，以满足实际使用要求。

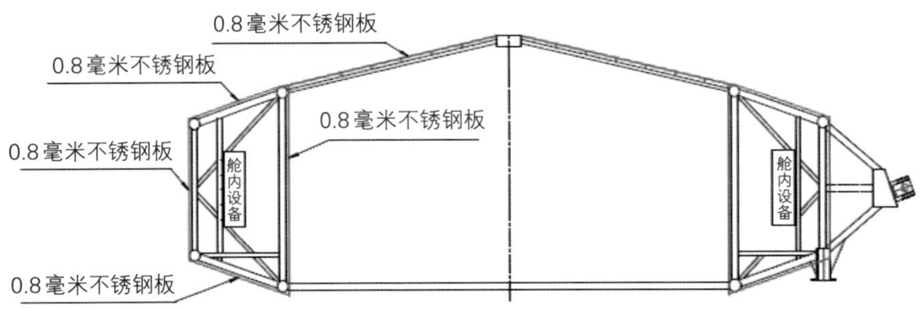

图3-50 馈源舱舱体运动平台屏蔽设计

电机的伺服部分均安装在星形框架的屏蔽隔间内，所以会涉及电机控制信号线和电源线的穿舱屏蔽措施。针对不同的设备，科学家采用了不同的措施，如对AB轴电机直接向空间传输电磁干扰的屏蔽处理方式改为电机制作屏蔽罩，将电机罩在内部，电机屏蔽罩与电机安装处法兰预留屏蔽接口通过螺栓固定连接，屏蔽罩与电机安装法兰面之间垫导电衬垫，可以满足屏蔽要求。

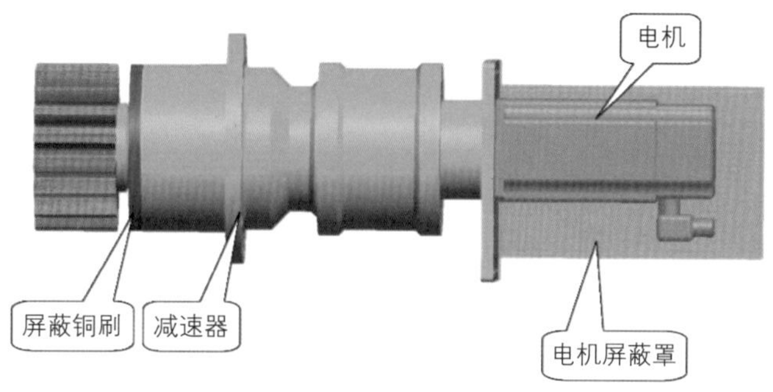

图3-51 电机屏蔽设计

摄像机则是采用专业厂家的抗辐射摄像系统，具有抗辐射屏蔽效果，屏蔽性能在14千赫～18吉赫范围内达到80分贝。而GPS则是采用了专业厂家的信号隔离器，阻止了信号向舱外的泄漏。

(4) 馈源舱复杂的控制方案

馈源支撑系统的定位是依靠索驱动、AB轴及Stewart平台共同完成的。馈源舱主要受到风力等外界因素的影响而产生振动，因此需要控制Stewart平台来抑制下平台位姿在外扰下的变化，以满足馈源10毫米的定位精度的要求。一般说来，这样的要求对于Stewart平台这样的并联机构本身并不是难事，但是由于馈源舱是在索驱动这样的柔性支撑下实现精度控制，这就使得馈源舱的控制变得复杂，需要充分考虑刚柔机构的控制耦合问题，并分析Stewart平台驱动力对馈源舱的反作用力引起的馈源舱振动情况。

针对馈源舱的控制，一方面，科学家们通过仿真分析，了解舱索系统特性，提出有效的控制方案和提取控制参数。另一方面，他们采用全站仪测量下平台的位姿，以便进行闭环控制，提高控制精度。

图3-52 馈源舱结构模型

Stewart 机构负载质量近3吨，馈源舱总质量约30吨，建立的舱索系统阻尼比为0.2%，随后科学家进行了舱索的模态分析及频响特性分析。

Stewart 平台采用关节空间控制策略。关节空间控制策略是在关节坐标系中进行的，它是针对Stewart 平台的每一个驱动腿的控制器，使每个驱动腿都能精确跟踪由运动学逆解得到的期望驱动腿长度，从而确保Stewart 平台的整体性能。

实际控制中，Stewart 平台的上平台位姿是通过控制策略算法来实现的。

在这个控制策略中，有一个不足之处就是结构变形的问题。在过去Stewart 平台的控制中，一般认为Stewart 平台的刚度近似为

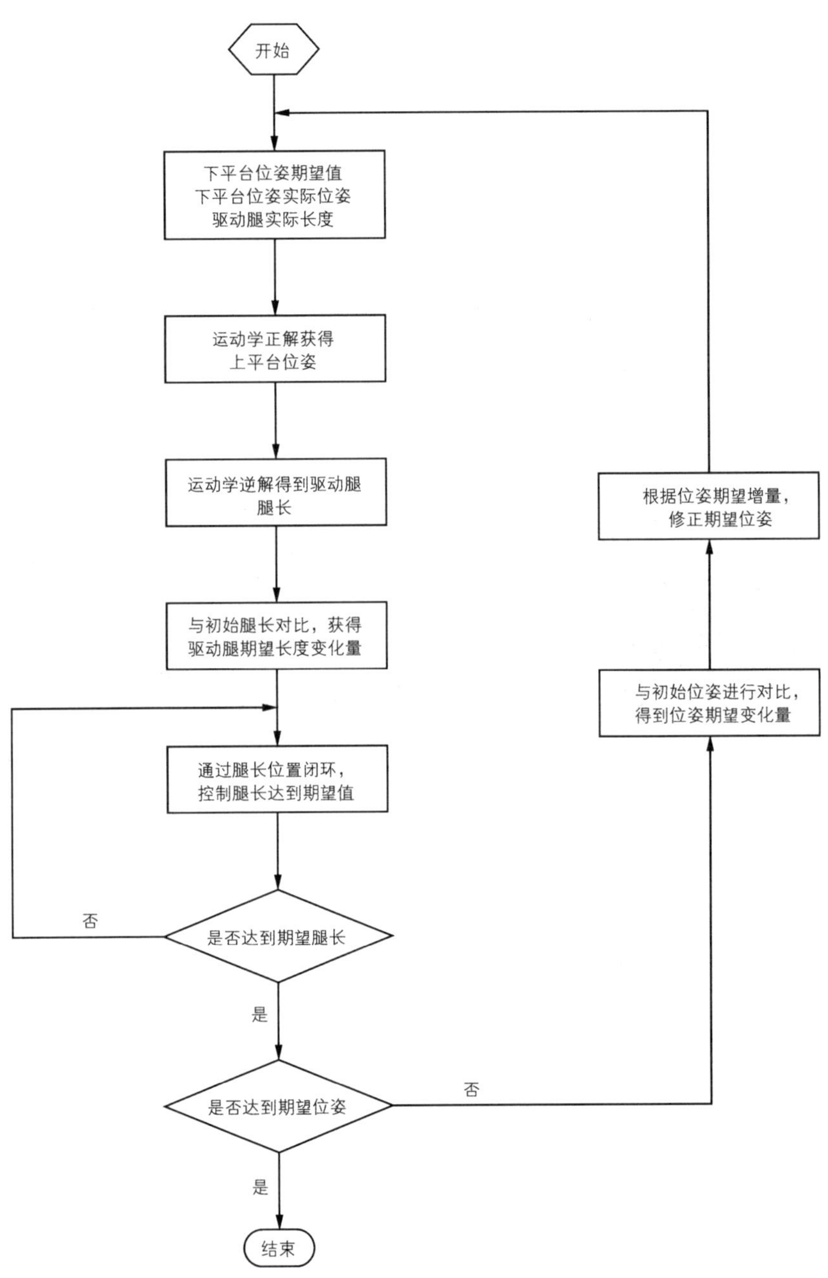

图3-53 Stewart平台控制策略算法流程图

刚体。以往提到的结构变形更多是在结构件的公差范围内，这部分结构误差大多可以通过标定补偿，残余误差较小。但是，由于馈源舱刚度偏低，在实际运动控制中结构参数之间存在耦合关系，其结构变形对精度的影响更多地会体现在实际控制过程中，而不能通过标定大幅降低该影响。因此，一部分控制误差通过现有的终端测量方法和控制策略来弥补，另一部分则需要通过长期的运行数据累计进行控制参数的修正。

测量控制

(1) 基准网及基础相关测量

在大窝凼洼地周围建立一个高精度、永久性的GPS基准控制网，作为FAST台址大比例尺地形图和工程设计图测绘的首级大地控制。它能为馈源支撑塔和主反射面地锚施工定位测量、施工放样及运行等工作提供点位坐标基准、长度基准和时间基准。同时，它也能构成馈源实时跟踪定位测量系统、反射面主动变形控制的地面基准站。基础测量分系统提供下拉索和主索固定点坐标，提供馈源支撑塔和出索口位置坐标。

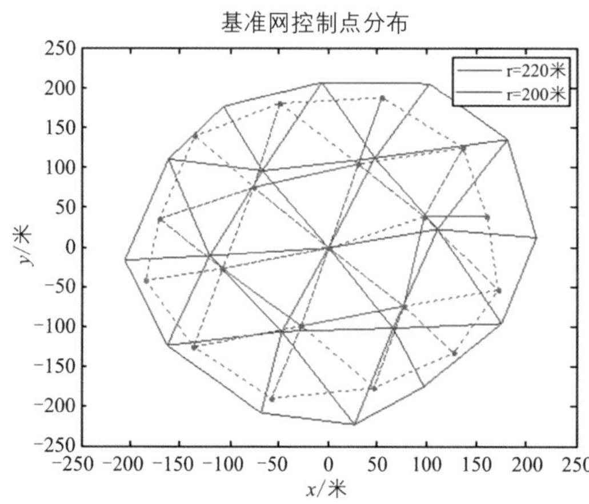

横轴表示空间位置东西方向，纵轴表示空间位置南北方向

图3-54 基准网布设方案

考虑到半径为220米的基准网优化结果具有更大的覆盖范围，相应的基墩高度没有显著区别，最终选取半径为220米的基准网优化结果。

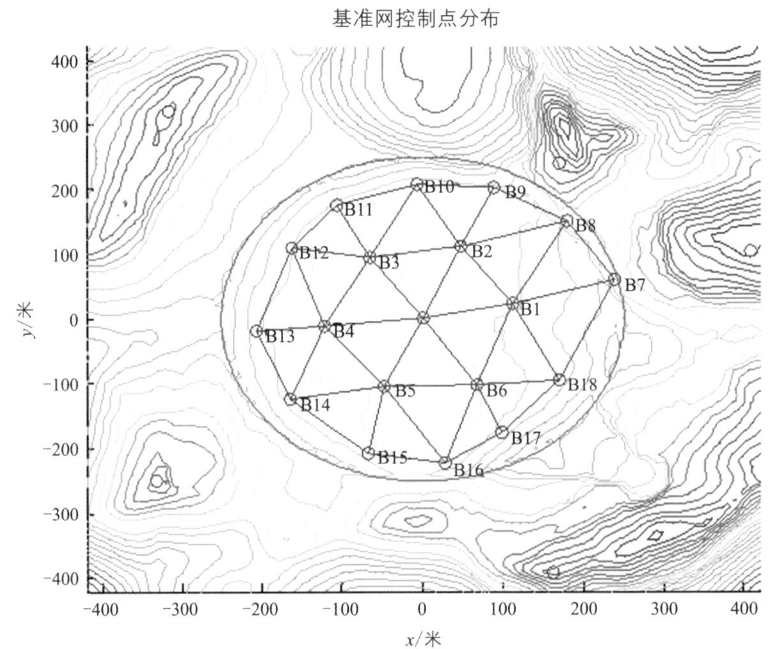

图3-55 基墩编号与其对应的控制点

横轴表示空间位置东西方向，纵轴表示空间位置南北方向

（2）馈源支撑测量

反射面周边600米圆周上的6座百米高塔支撑6根钢索，FAST馈源舱由6根钢索拖动，以此来实现馈源舱在150米高空206米口径范围内的移动，并根据天文规划与测量信息反馈，完成与反射面同步的高精度天文跟踪运动。馈源舱内AB轴机构、Stewart平台并联机构用于天文信息接收系统的精确定位与调整。接收系统安装于Stewart平台上，实现天文信息的采集与传输。

馈源支撑测量系统由一次索驱动位姿测量系统和精调平台位姿测量系统两部分组成，采用精密的测量仪器，为馈源支撑控制系统提供一次索驱动和精调平台的精确位姿信息，完成馈源位姿的测量任务，实现馈源精确定位。

测量系统启动后开始初始化操作，利用GPS测量系统完成馈源舱的初始定位，进而完成全站仪的定向及目标锁定，初始化完成后进入待机状态，等待测量命令。根据不同的测量命令选择不同的工作模式，包括观测模式和调试模式，在工作完成后返回待机状态，等待新的测量命令。

①一次索驱动位姿测量　一次索驱动位姿测量系统由GPS和全站仪测量设备组成。其中，GPS测量系统的设计指标精度为2厘米，采样率为1赫兹。测量系统主要由基准站和流动站组成，采用双基准站。由位于洼地外围测量基准点上的GPS接收机作为基准站，为测量系统提供差分基准，同时互为备份，提高系统的可靠性；流动站为安装在馈源舱顶部的6台GPS接收机。

测量设备由位于反射面内基准点上的3台全站仪及位于馈源舱边缘的3个棱镜组成，通过实时动态测量获得最大误差为17毫米的测量点位坐标。

知识链接

全站仪　全站型电子测距仪（Electronic Total Station），是电子经纬仪、光电测距仪及微处理器相结合的一种集光、机、电为一体的高技术光电测量仪器，是集水平角、垂直角、距离（斜距、平距）、高差测量功能于一体的测绘仪器系统。与光学经纬仪比较，电子经纬仪将光学度盘换为光电扫描度盘，将人工光学测微读数代之以自动记录和显示读数，使测角操作简单化，且可避免读数误差。因为它一次安置仪器，就可完成该测站上全部测量工作，所以称之为全站仪。全站仪具有令人难以置信的角度和距离测量精度，既可人工操作也可自动操作，既可远距离遥控运行也可在机载应用程序控制下使用，已被广泛用于精密工程测量、变形监测等领域。

②精调平台测量　精调平台测量方案采用全站仪测量系统。使用多台全站仪安装在反射面内的多个测量基墩上，馈源舱内精调机构下平台均匀安装6个测量靶标，全站仪照准对应的测量靶标进行测量，获取实时动态测量的距离和角度数据。

受全站仪发射的激光在不同的大气环境中的折射等影响，全站仪的测量数据有误差，测距可进行模型修正，修正后精度较高，但测角无精确可靠的修正模型，因此在精调平台测量中，对测距进行大气改正后，采用距离交会的方法计算出下平台的位置和姿态。

③测量设备电磁干扰（EMI）屏蔽　FAST观测的是宇宙中极为遥远且微弱的射电信号，它对射频干扰的影响极为敏感，因此对在望远镜项目中使用的各种电子产品进行射频辐射控制十分重要。

全站仪是馈源支撑测量及反射面节点测量中至关重要的仪器，而且暴露在反射面上方，因此在不影响全站仪的测量精度的前提下，使用屏蔽材料对全站仪进行全方位的EMI屏蔽，屏蔽效能指标为100分贝。

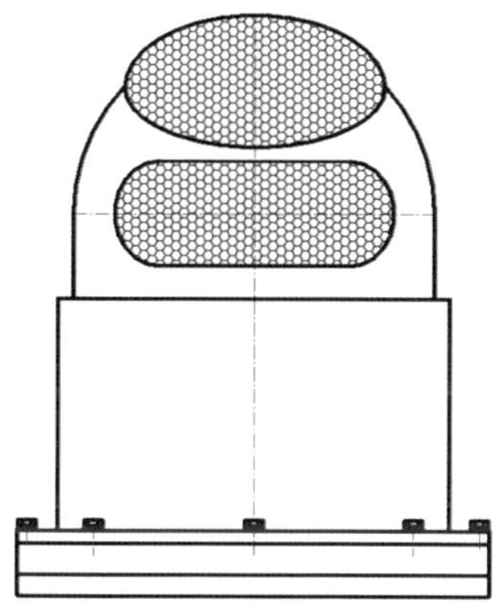

图3-56 全站仪屏蔽设计

(3) 反射面测量

FAST反射面变形成口径约300米的瞬时抛物面时，由于索网结构巨大，受力情况复杂，在驱动电机拉动索网节点时，节点不是严格沿径向运动，而是会有切向横移。另外，承受巨大拉力的下拉索弹性变形也难以准确估计，这使得仅通过驱动电机调整量判断节点位置的方法并不准确。因此，需要对索网节点进行实时、精确的测量，以保证望远镜的运行精度。

与其他望远镜的反射面只需定期进行面型检测不同，FAST的反射面在观测工作中是实时变形的，这使得反射面的实时精密测量和控制成为实现FAST良好观测性能的关键。然而，这一技术没有其他望远镜反射面的测量案例可以参考，高精度高效率要求、与控制系统实时交互、野外环境、大气干扰、远距离测量等都是反射面节点测量的技术难点和瓶颈。

经过前期的大量调研工作，反射面节点测量系统采用多台激光全站仪逐点测量的方法，该方法不仅可靠性高、技术较成熟，而且使用无源靶标可以使得电磁干扰较小。

FAST的反射面节点测量系统可完成反射面整网节点静态测量和动态测量的工作。该系统共有两个工作模式。

标定模式：在反射面节点静止不动的情况下对整个反射面内2225个节点位置进行精确标定。可在37分钟内完成整网所有节点的测量，精度均方根误差在1.5毫米以内。

观测模式：在望远镜观测过程中对反射面瞬时照明口径内的节点位置进行测量。可在9分钟内完成有效口径内约700个节点的测量，精度均方根误差在2毫米以内。

FAST反射面测量系统主要由基墩、全站仪和靶标组成。靶标安装在反射面节点上，即三角形面板的连接处。反射面运行时，依靠安装在基墩上的全站仪对照明区域内的靶标进行位置测量，从而实时控制反射面面型。

①测量基墩　FAST共建有24个稳定的测量基墩。靠近反射面中心区域的5个为内圈基墩（JD1～JD5），反射面中圈6个基墩（JD6～JD11），反射面外圈12个基墩（JD12～JD23），望远镜附近山峰的光明顶上有1个基墩（JD24）。

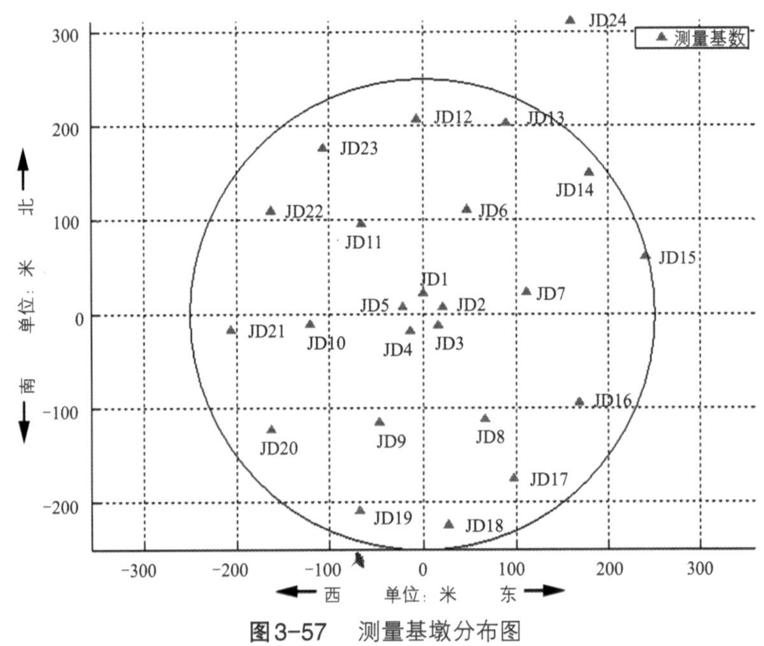

图3-57　测量基墩分布图

每个基墩顶部设有三个强制对中盘，可供三台仪器同时使用。

②激光全站仪 FAST反射面测量系统使用莱卡（Leica）高精度激光全站仪TS60。TS60是目前世界上最高精度的全站仪，利用其自动目标识别（Auto Targets Recognition）功能，在白天和黑夜（无需照明）都可以工作。

图3-58 莱卡（Leica）高精度激光全站仪TS60

③靶标 系统中和全站仪配合使用的靶标为反射棱镜，采用螺纹与反射面节点相连接。棱镜的作用就是将全站仪发射的电磁波（激光）反射回全站仪，由全站仪的接收装置接收，全站仪的计时器可记录出电磁波从发射到接收的时间差，从而求得全站仪与棱镜之间的距离。同时全站仪根据镜头的转动角度，可求得全站仪与棱镜之间的水平角及俯仰角，从而得到棱镜的位置信息。

FAST反射面测量系统使用的棱镜如图3-59所示。按照测量系统的方案设计，在安装靶标时需要将靶标指向反射面中心测量基墩方向，并将俯仰角调整到规定的角度后锁定。

FAST共有2225个这样的棱镜，在白天和夜晚均能配合全站仪进行测量。图3-60是安装在望远镜反射面节点盘上的棱镜照片；图3-61展示了夜晚时在望远镜中心底部用灯光照射，看到的反射面上众棱镜反光景象。

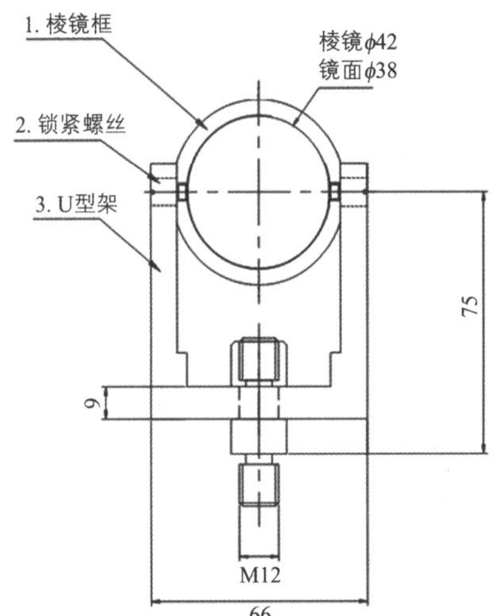

图3-59 反射棱镜（靶标）

图3-60 安装完成的棱镜

图3-61 夜晚时拍摄棱镜的景象

接收机与终端功能

我们把馈源、低噪声放大器和接收机电路，一直到数据处理终端，统称为接收机与终端系统。以下将介绍和接收机、终端系统有关的关键技术研究工作。

(1) 馈源仿真设计

作为射电辐射源的天体一般距离地球较远，从天体所在位置的一点发出的电磁波是球面波，其等相面为以发射点为球心的球面。对于地面的望远镜，这个球面波与平面波的差别微乎其微，可以视为平面波。沿着抛物面主轴入射的平面波经过抛物面的反射，变为球面波，此球面波的球心即为抛物面的焦点。

被射电望远镜反射面截取的平面波，经过抛物面的反射形成球面波。球面波将这部分被抛物面截取的平面波的能量集中到了一个很小的区域，这使得利用一个小型的探测器探测这部分的能量成为可能。与照相胶片或传统光学天文中所用的胶片或感光元

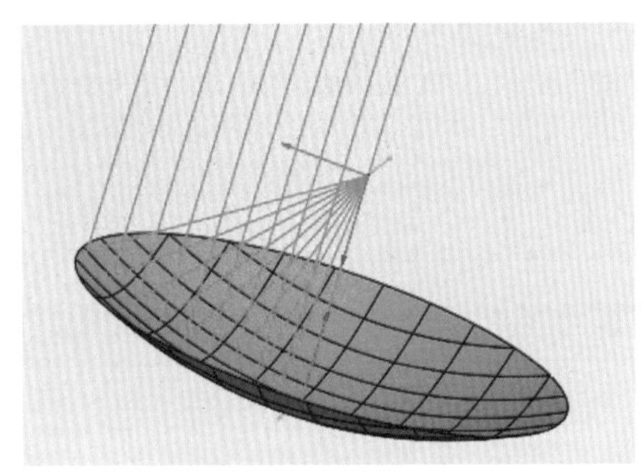

图3-62 FAST主反射面聚焦

件不同，在无线电波段中通常使用馈源来接收汇聚的球面波。馈源是由金属等导电材料制作的有特殊形状的电子器件。图3-63所示是为FAST研制的L波段及S波段的馈源。馈源内部没有电源驱动的主动器件，它对入射电磁波的响应是完全被动的。这和反射面对入射电磁波的反射，光通过眼镜片时的折射等现象是一样的，都是被动机制。具体来说，在入射电磁波的影响下，金属内部的电子加速运动并发射电磁波，这种由构成馈源的金属材料发射的电磁波被称为二次发射。二次发射的电磁波和入射的电磁波在空间叠加形成了电场在空间的分布。设计得当的馈源会使得电磁波看上去是从自由空间中的球面波到馈源内部空间的导行波的平滑过渡。上面描述的是馈源接收电磁波的过程。如果把上述过程回放，就是一个馈源中的导行波到自由空间中的球面波的过渡，从而完成了能量从馈源向外部自由空间的一个发射的过程，这也是“馈源”这个专业术语的由来之一。

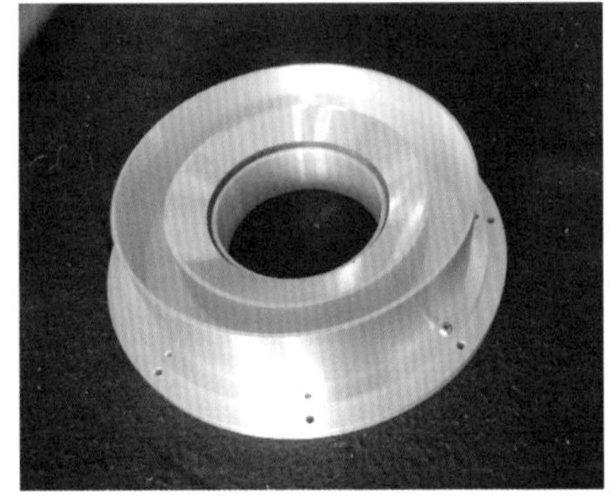

图3-63 FAST L波段（左）及S波段（右）的馈源

（2）望远镜远场方向图

望远镜的主反射面通常为抛物面，对于沿其主轴入射的平面电磁波，经抛物面反射面反射后形成汇聚的球面波。在抛物面焦点处放置馈源，对汇聚的球面波接收就完成了射电望远镜对遥远的电源的观测。抛物面反射面和放置在焦点的馈源组成的系统，对于偏离主轴方向入射的电磁波也有不同程度的响应。对不同方向入射的平面波的响应构成了射电望远镜的远场方向图。望远镜的远场方向图反映了望远镜对不同方向入射的平面波的响应。其最大点通常出现在抛物面反射面的主轴方向，这个最大的响应称为望远镜的轴向增益。对于给定的观测频率和馈源，反射面口径越大，接收面积越大，则轴向增益越大。轴向增益在一定程度上反映了望远镜接收面积的大小。

（3）灵敏度优化

灵敏度是衡量单天线射电望远镜的重要的性能指标，它决定了射电望远镜能够观测到的最弱的射电源的强度。如上文所述，射电源一般距离我们很远，射电望远镜接收到的电磁波可视为平面波。平面波经抛物面反射面反射，汇聚到抛物面焦点，由馈源接收。馈源将自由空间中传播的电磁波转化为波导中传播的导行波，其信号经过低噪声放大器、滤波器和后续的射频放大等处理，最后传送至数据处理终端进行所需要的频谱分析、色散矫正和基带记录等处理。射电望远镜在接收射电源辐射的同时，同样也接收天空背景辐射、大气辐射、地面漏损等射电噪声，并且上述反射面的反射、馈源接收和低噪声放大器等都会在接收的射电源辐射之上叠加额外的噪声信号。噪声信号不同于合作目标发射的信号，我们不能预言其具体的电压数值与时间的关系。但噪声信号呈现一定的统计规律，即噪声信号的平均功率在一定时间内一般比较稳定。噪声信号的平均功率的方均根与观测信号的带宽和积分时间的乘积的平方根成反比。通常将上述因天空背景、大气辐射、地面漏损和接收机噪声引起的噪声称为系统噪声，并以系统噪声温度来表征。

对于一个确定的射电源，射电望远镜的有效接收面积决定了能够接收到的电磁波的能量。对于FAST来说，其核心观测波段是L波段，其有效接收面积约为36400平方米，系统温度约为25开尔文，其灵敏度约为1455平方米/开尔文。

FAST的主反射面口径为500米，中性面为球面，主动变形抛物面口径为300米。在观测时，抛物面外有大范围的球面金属面板，能够有效地屏蔽来自地面的热辐射，从而降低望远镜整体的系统温度。同时，抛物面外围的球面金属反射面对地面热噪声的屏蔽，也为馈源照明的优化提供了新的可能。因此，可以放宽馈源在抛物面边缘的照明电平，使得望远镜有效面积和系统噪声温度的比值最大，从而得到最优的灵敏度。在天顶角大于26.4度时，科学家们提出将馈源绕其相位中心向内旋转的“回照”方式，以优化望远镜的灵敏度。在观测天顶角大于26.4度后，300米的主动变形抛物面有部分已经超出直径为500米的望远镜圈梁，使得可用的抛物面的面积减小。由于馈源是按照300米抛物面来设计的，因此馈源会在此部分被截掉的抛物面的位置直接接收到来自地面的热辐射，而引起系统噪声温度的上升。FAST工程早期考虑过在500米圈梁外围建设平面金属防噪墙，但为了在天顶角一直到40度的范围内有效屏蔽地面热辐射，需要建造高达约50米的金属防噪墙。这样的金属防噪墙本身已经是一个规模很大的基础建设工程，耗资巨大。当前设计以“回照”模式来优化灵敏度的分析。在“回照”模式下，馈源的远场方向图的对称轴偏离抛物面中心，但馈源远场方向图附近的照明区域对应的反射面口面反而扩大，因此望远镜远场轴向增益并不会有显著变化。但采用“回照”模式后，地面溢损引入的热噪声会显著下降，从而提高望远镜的灵敏度。计算结果表明，可以在FAST的500米球面外围建造适当高度的防噪墙，与“回照”模式相结合，来提高FAST的灵敏度。

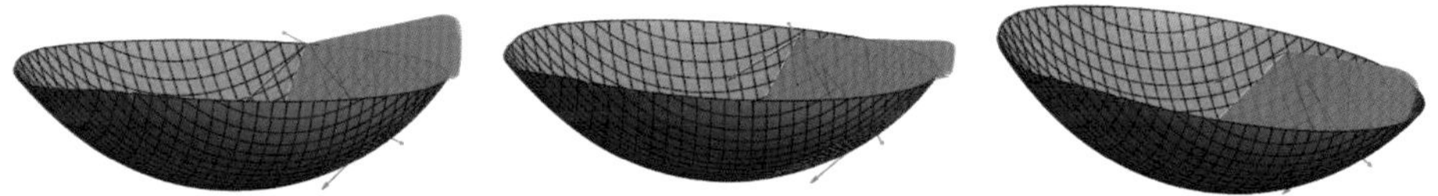

图3-64 观测天顶角为35度时的“回照”

图中粉色部分表示馈源的主要照明范围。当馈源向反射面中心回转时，其接收到的来自地面的热噪声会显著下降

（4）数字化及数字信号处理

经反射面反射，馈源接收，低噪声前置放大器放大，滤波和后续信号放大并传输到数据处理终端的电磁波信号，其强度已经可以被功率计和频谱分析仪等电子仪器所检测和处理。我们把用于处理经过放大的天体射电辐射的仪器称为数据处理终端。早期的数据处理终端一般采用滤波器、检波器等模拟器件进行频谱和功率的测量，但它们能达到的技术指标和使用的灵活性受限。

目前的射电天文终端设备通常采用数字化处理。首先，对收到的模拟电压信号进行采样和量化处理，从而得到一系列的数字信号。只要传输过程中，高、低电压不发生混淆，信号就可以得到完全的保真。这和模拟信号传输中的信号衰减噪声信号质量下降不同，信号的保真度可以大大得到加强。模拟信号和数字信号在传输和存储中的不同可以从以下几个例子中看出来。比如，早期的电话采用模拟信号传输，随着传输距离的增加，信号衰减也加大，信噪比降低。因此为了让对方听清，长途电话往往需要对着话筒大声讲话。模拟电视也是一样，在距离发射台比较远的位置，电视信号的信噪比降低，图像上往往有“雪花”出现。而数

字信号在传输中尽管也有损耗，但只要在中继转发中不发生高、低电压的混淆，那么信号就得以保持其原有的值而不失真。因此现在的长途电话，哪怕是越洋电话，也不需要对着话筒大声吼。数字电视的接收效果也清晰许多。

射电天文终端采用数字技术有多方面的好处。比如，数字滤波器的性能一般比模拟滤波器优越，并且其滤波函数不会像模拟滤波器那样随着器件性能的变化而变化。数字信号经存储后，所有信息得以保留，可以用不同的处理方法再处理，对望远镜收到的信号做最大限度的利用。

但模拟信号的模数转换也会在信号上叠加一定的噪声，使得信号的信噪比下降。对于一定带宽的模拟信号，通过奈奎斯特定律可知，如果以两倍的带宽所对应的频率去采样，那么可以通过采样点的数据把采样点之间的数据无损地恢复出来。每个采样点的数据用有限的位数量化表示。比如对于8比特的量化，则在模数转换的电压范围内有2^8（256）个等级。这样离散化的电压量化会引入量化电压和输入电压的差别。量化后的电压可以表示为输入电压和一定的量化噪声之和。对于具有一定的统计性质的输入电压，如白噪声，可以计算量化噪声的平均值。对于8比特的量化，量化噪声与输入信号相比，已经很小了。如果在观测波段中有很强的射频干扰信号，那么就需要更多的量化位数来提高量化系统的动态范围。对于FAST而言，由于建立了射电波宁静区，在观测波段内没有很强的射电干扰信号，因此8比特的量化就可以了。当观测过程中射电源的强度变化剧烈时，或出现短时强干扰信号时，也许需要更多比特的量化水平。

射电天文观测中，通常需要测量收到的信号在一定时间间隔内的平均功率。输入信号的平均功率和电压平方的积分平均值成正比。在数字终端中，输入电压经模数转换后变为一系列离散的数字电压信号。对于这样的离散的电压序列，通常用一定数目的离散的电压的平方的平均值来表示平均功率。数学上可以证明，对于给定的采样间隔，只要采样数足够多（换句话说，就是平均时间足够长），则连续函数的积分平均值和离散采样值的平均值基本相等。对于确定的平均时间，采用更短的采样间隔，可使采样值的平均值与连续函数的积分平均值基本相等。

（5）数字终端研制及各种算法

FAST的数据处理需要相应的算法支撑。FAST的主要观测模式包括：脉冲星搜索、脉冲星脉冲轮廓观测、高分辨率的谱线观测、总流量观测等。这些观测模式的核心算法包括对数据在时域或频域上的操作，所有的计算步骤都是预先确定的。以多项滤波器组为例，通过选取一定的时长的数据做数字滤波器，其带通响应和带外抑制比模拟滤波器要优越很多，并且数字终端的性能稳定，可以对同一设计进行同样的复制，提高了数据处理终端的可靠性。另外一种观测模式是对观测得到的电压数据进行记录，记录下来的数据可以进行反复的后处理，也可以用来和其他望远镜进行干涉处理。

（6）接收机总体设计

FAST接收机系统在设计过程中需要根据不同的观测目标，优化整体性能。对于点源观测，灵敏度优化是其主要目标。通过馈源的优化设计，使得望远镜口面场尽量均匀，漏损尽量少，可以达到最大的轴向增益（即轴向观测的灵敏度）。FAST的观测波段覆盖70兆赫～3吉赫的频率范围，在500兆赫波段以上，天空背景噪声下降，这使得接收机的噪声已经成为FAST系统噪声中的很大的一部分。因此，对于500兆赫以上的频率范围，通过降低接收机器件工作环境温度的方法来降低接收机的噪声温度。项目组采用了在厘米波段射电天文接收机中通常采用的GM制冷机，将极化器部分的工作温度降至50～70开尔文，将低噪声放大器的降至10～20开尔文的物理温度。FAST项目将密切跟踪国际上相关技术的发展，并开展相关的馈电技术（如相位阵馈源技术）的研发工作。随着更低噪声温度的器件的出现，FAST项目组将会进一步研制更低噪声的接收机，以获取更高的观测灵敏度。

FAST的数字数据处理终端的研发得益于数字信号处理和计算机技术等的软硬件的发展。目前FAST的终端采用的是部分研发的高速ADC和FPGA板卡结合计算机集群技术。随着技术的进步，FAST下一代的终端有望全部采用商用高速模数转换、高速数据传输和计算机集群来设计和实现，将进一步提高其可靠性，缩短研发周期。

电磁兼容

阅读宇宙边缘的信息需要大口径、高灵敏度的望远镜，因此很多高新技术，如“无”噪声量子放大器、微米级精度大结构保形、净比特率数据的实时相关处理和传输等，都是因为射电天文学的需求而发展。同时，随着电子技术、计算机技术的发展，射电望远镜大量采用各种电气和电子设备，而且电子设备的频带日益加宽，灵敏度不断提高，连接各种设备的电缆网络也越来越复

知识链接

• **电磁兼容** 指设备或系统在其电磁环境中符合要求运行并不对其环境中的任何设备产生无法忍受的电磁干扰的能力。对于射电望远镜所使用的电气和电子设备产生的干扰，如果不采取措施的话，将会严重影响到望远镜的正常运行和科学产出。

杂。因此，电磁兼容问题日趋重要。

作为目前世界上最大、最灵敏的单口径射电望远镜，FAST的电磁兼容工作极具挑战性和风险性。主要的技术难点包括：FAST灵敏度极高，在70兆赫～3吉赫频段，可达－320分贝·瓦/(平方米·赫兹)量级；观测波段覆盖电磁干扰影响最为严重的低频波段；工作状态复杂，涉及电气电子设备多达数千台套，多数电气电子设备必须与望远镜观测同时运行；射电天文连续谱观测保护限值比GJB151A《军用设备和分系统电磁发射和敏感度要求》的限值低约80分贝，而谱线观测保护限值更是低约100分贝。

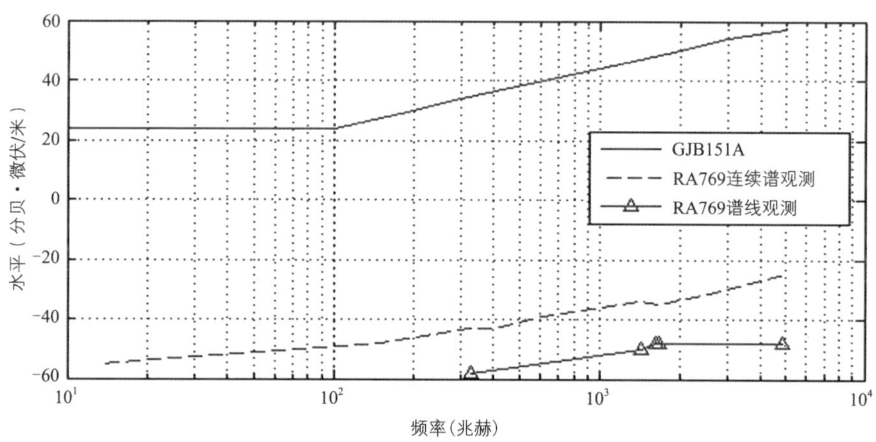

图3-65 国际电信联盟ITU-R RA.769号建议书保护限值与GJB151A的限值对比

为此，FAST项目组首次在国内开展了系统和全面的极高灵敏度射电望远镜高性能电磁兼容设计与研发，通过设立半径30千米的电磁波宁静区和空中限制区，完成FAST电磁兼容多项技术创新与突破，使其整体达到国际先进水平。实现从空中到地面、从电波环境到望远镜设备的全面电磁兼容，为FAST的有效运行提供了不可或缺的支撑。

（1）多物理场区域高性能电磁兼容技术

项目组提出了多物理场区域高性能电磁兼容技术方法，攻克了分区屏蔽、大功率电机转轴过壁屏蔽装置、动静屏蔽及组合屏蔽和自适应运动部件的高屏效屏蔽结构等关键技术，屏蔽效能突破现有国标要求，部分频段屏蔽效能优于140分贝。

大口径射电望远镜接收的天体信号极其微弱，设备产生的电磁信号极易干扰馈源对天体信号的接收，需采取电磁兼容措施以满足天文观测苛刻的电磁屏蔽要求。同时需解决大范围多运动部件的强干扰电磁场屏蔽技术，该技术在国内电磁屏蔽领域无先例可循，为此需要攻克以下技术难题。

①达到120分贝及以上的电磁屏蔽

索驱动是FAST三项自主创新之一，与普通屏蔽室不同，FAST索驱动机房存在大功率伺服驱动器、电动机等强干扰源，干扰信号种类多、强度大、频率跨度宽，且钢索在机房出绳口运动导致壁面无法封闭，电磁屏蔽难度大。

作为FAST核心设备的馈源舱，其内部安装大量电子设备，如AB轴电机、Stewart平台六足电机、控制器、处理器、馈源等，同时运行的下平台内安装有制冷接收机，极易受到干扰。整个设备质量严格受限，而且电磁屏蔽要求远超国军标D级120分贝，极具挑战。

②机械传动系统的间壁屏蔽技术

索驱动设备存在多个机械传动与驱动部件，所属区域和干扰信号特点各不相同。机械传动部分需要屏蔽隔离，电动机与传动部件的机械连接及其动态特性导致无法按照常规方法电磁屏蔽，机械传动系统的高性能屏蔽无先例可循。

③自适应运动部件的高屏效屏蔽结构

馈源舱运动部件运动复杂、环境恶劣，对于自适应运动部件的高屏效结构设计与研发是一个难题。

针对设备干扰参数和安装位置的屏蔽要求，项目组提出多物理区域屏蔽技术，包括指标分区屏蔽、带转轴过壁电磁屏蔽、动静及组合屏蔽等。

①多物理区域指标分区屏蔽

对于索驱动屏蔽机房的大功率伺服驱动器、高频控制器、电动机、摄像头、码盘、交换机等干扰物理场，以及馈源舱内Stewart平台、电机、测量与接收机设备，进行多物理区域指标分区屏蔽。

对于索驱动具有强信号干扰的电气室采用120分贝屏蔽指标，电机室采用50分贝屏蔽指标，多级屏蔽保证了高性能屏蔽效果。在馈源舱的电磁兼容设计中，将馈源舱内空间分成3个区域，分别为安装主要的强干扰源，如驱动和控制设备等的屏蔽隔间1和2，屏蔽指标大于120分贝；对在隔间3内的电机及驱动装置提出80分贝的屏蔽要求，对于舱内隔间3的屏蔽要求通过双层屏蔽实现，超出国标120分贝的屏蔽效能。

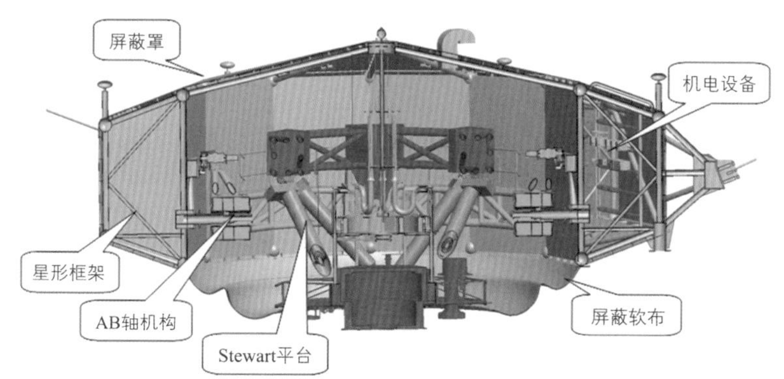

图3-66 馈源舱多物理区域分区屏蔽

该项技术实现了复合型干扰信号的高效屏蔽，解决了开口屏蔽间复合大型电磁场干扰问题，实现高屏蔽效能复杂运动电气舱的技术突破，为大型射电望远镜观测信号的精准解析奠定了基础。

②动静组合屏蔽技术

基于动静组合屏蔽技术，针对索驱动屏蔽机房提出动态过壁电磁屏蔽新方法，研发出一种高性能防电磁泄漏的转轴过壁装置，解决了电动机转轴穿过壁面的电磁屏蔽难题，确保索驱动设备干扰得到有效消减。

针对馈源舱，科学家们创新性地提出了具有运动平台的双层屏蔽舱体设计。馈源舱的舱罩及隔间采用0.8毫米薄不锈钢板焊接而成，对于运动平台采取双层屏蔽布、防雨层和支撑架的方式。经测试，馈源舱最终实现超出120分贝的屏蔽效能，部分频段实现140分贝。

图3-67 馈源舱屏蔽隔间图

图3-68 馈源舱下平台屏蔽措施

(2) 机电液一体化电磁兼容复杂系统

项目组提出了机电液一体化电磁兼容复杂系统的技术方法，研制出2225台高电磁屏蔽效能的射电望远镜大负载机电液一体化促动器，通过创新结构设计减少部件更换、实现多接口促动器电磁屏蔽措施，保障了FAST主动反射面的自动变形性能要求。

望远镜主动反射面是FAST三大创新之一。为实现在观测时形成300米口径瞬时抛物面，在FAST反射面节点下方安装2225套促动器用来控制反射面节点变形。促动器必须与望远镜观测同时运行，在3吉赫以下的频段连续实时工作。促动器内的主要干扰源包括直流电源、电机、电机驱动器、控制器、电磁阀、油温油压传感器和位置传感器等。促动器在电磁兼容方面面临主要技术难点如下。

①大负载液压促动器的电磁屏蔽技术

国际上常规望远镜的反射面促动器负载一般低于1吨，功率较低。而本项目中的主动反射面促动器其负载达到7吨，部分达到10吨甚至15吨。如此大的负载，如果采用国际和国内常用的机械式促动器，存在工作寿命短，电气功率大等困难，电磁兼容措施的难度极大，缺乏可行性。本项目采用机电液一体化促动器，使得大负载促动器的电磁兼容措施具有可行性。

②多接口复杂机电屏蔽体的高性能电磁兼容技术

FAST促动器的屏蔽效能要求达到80分贝，而国外，如最大的全可动射电望远镜美国绿岸天文台100米射电望远镜的促动器屏蔽只有约40分贝。·

由于每一台促动器都是机电液一体化设备，机械、电气和液压接口复杂，存在伸缩部件，电磁干扰泄漏环节多。促动器电气舱体积较小，这不仅限制了若干电磁兼容措施（如屏蔽簧片）的实施，而且给屏蔽效能的测试带来难度。

针对FAST促动器在电磁兼容方面所存在的主要技术难点，项目组攻坚克难，创新性地提出了解决的方法。

①大负载机电液一体化的促动器电磁屏蔽技术

在系统构架方面，采用液压式促动器实现可达15吨的大负载，避免了因机械式促动器机械磨损而降低寿命的困难，运行较长一段时间后，不需要更换主体部件，只需要更换泵、阀、密封圈等小型低成本部件，就可以继续延长使用寿命，为FAST 30年乃至更长时间的运行维护打下了良好的基础。

研发机电液一体化促动器，在实现大负载的同时，也实现了80分贝的屏蔽效能。其具有光纤通信等数字化功能的接口，可以随时远程查询促动器状态，实时进行运行控制，紧跟未来发展趋势。

②多接口复杂机电屏蔽体的高性能电磁兼容技术

通过液压管路的灵活布置，有效地实现了电气部件的隔离，恰当处理了伸缩杆运动间隙可能的电磁泄漏，给处理促动器电气电子设备的电磁干扰带来了很大方便，极大地降低了电磁兼容处理的难度和成本。此结构不仅可以实现良好的电磁屏蔽，还能实现良好的环境防护，所以特别适合在恶劣环境下工作，也能满足

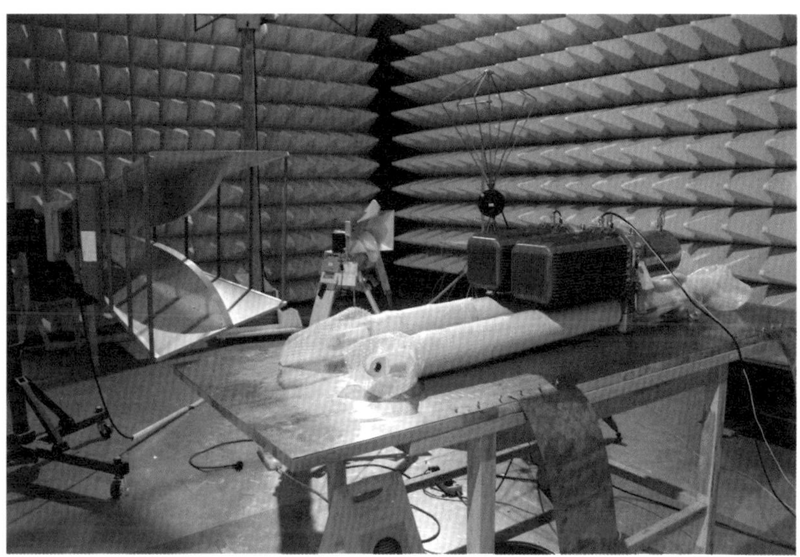

图3-69 促动器实验室测试

图3-70 促动器现场测试

对电磁屏蔽要求较高的工作环境。

科学家们成功解决FAST反射面机电液一体化促动器的电磁兼容困难，相关技术在FAST促动器上也成功应用。望远镜试观测显示没有探测到来自促动器的干扰，充分验证了技术成果的可靠性。

(3) 超高动态范围宽频自动连续电磁屏蔽测试

项目组提出了超高动态范围宽频自动连续电磁屏蔽测试方法，通过软硬件优化，实现70兆赫～3吉赫的自动连续测试能力，系统最高屏蔽效能测试范围达到140分贝，显著提高了检测效率，满足了FAST电磁屏蔽检测的严格要求。

由于FAST对电磁干扰抑制要求远超出国家现有标准，因此现有国家电磁兼容测试标准也难以满足FAST电磁兼容测试需求。FAST电磁屏蔽设备、屏蔽室、屏蔽机柜达两千多个，需要在FAST工作全频段进行严格的电磁屏蔽效能测试。常规测量方法是以单频率点、手动测试为主，要完成两千多个屏蔽设备的检测且增加测试频率点会造成非常大的工作量，而且测试难以全面准确掌握频段内电磁干扰情况。

与通用的测试标准比，FAST电磁屏蔽测试有着特殊的要求，这也是其主要的技术难点。

①动态范围要求大，最高动态范围要求在130分贝以上（最高的国军标屏蔽效能为120分贝）。

②测量频段集中，70兆赫～3吉赫测量频率范围要求不包括30兆赫以下的磁场屏蔽效能的测量，但包括谐振频段屏蔽效能测量。

③测量频率点密集，要求不遗漏屏蔽效能最低的频率，需要绘出近似连续的屏蔽效能——频率曲线（国家标准在FAST观测频段内只测4个频点）。

根据上述的技术难点，项目组技术人员排除万难，寻找到突破口，研发出超高动态范围（140分贝）宽频连续电磁屏蔽测试系统。

针对射电天文尤其是FAST电磁屏蔽测试的特殊需求，创新研发的宽频连续测试系统，通过硬件与软件系统优化，实现在70兆赫～3吉赫宽频率范围内对屏蔽体电磁屏蔽效能进行自动扫频测试，可以根据需求设置扫频点数，一般测试50或100个频率点，超越了现有标准的范围，系统最高能测试140分贝屏蔽效能（超过国标的120分贝），显著提高了屏蔽效能检测的工作效率和检测质量，满足了FAST电磁屏蔽检测的严格要求。这也填补了国内高灵敏度复杂系统电磁屏蔽测试系统的空白。

图3-71 FAST测试系统在现场测试

总之，超高灵敏度复杂系统的电磁兼容设计及相关技术和成果已成功应用到FAST之中，电磁兼容措施卓有成效，望远镜自身的电磁干扰得到有效消减。FAST实现中国射电望远镜发现新脉冲星“零”的突破，电磁兼容研发与实现在其中发挥了至关重要的保障作用。

5 “中国天眼”本领大

FAST工程自2011年正式启动建设以来，在国家各部门和贵州省的全力支持下，中国科学院与国内外科研机构、大学、企业通力合作，科学家和工程技术人员立足自主创新，利用贵州独特优越的自然条件，在方案设计、部件研制、系统集成、工程实施等方面，克服了众多工程难题，研发了一系列关键核心技术，取得了多项技术突破。

超大跨度、超高精度、超强疲劳性主动变位工作模式的索网结构

FAST索网是目前世界上跨度最大、精度最高的索网结构，也是世界上第一个采用变位工作方式的索网体系，在国际范围内尚未见先例。在FAST工程需求的牵引下，工程实施单位实现了高精度索结构生产的配套体系，并已经在港珠澳大桥斜拉索、新疆伊犁皮里青河桥、印度STAR BAZZR斜拉桥等项目中得以应用，使我国的钢索结构制造水平得到巨大提升。相关成果获得2015年“中国钢结构协会科学技术奖特等奖”、2016年“北京市科学技术奖一等奖”、2016年“广西科学技术奖技术发明奖一等奖”。

高强度、耐长期弯曲疲劳、低损耗的动光缆

FAST首次采用柔索支撑结构的轻型馈源平台，突破了传统射电望远镜中馈源与反射面相对固定的简单刚性支撑模式。依托FAST项目成功研制的FAST 48芯动光缆，达到了大跨度运动状态下柔性支撑的信号与数据传输要求，攻克了缆线入舱方案中信号传输“生命线”难关，其科研成果可广泛应用于军、民工程。相关成果获得2017年度“贵州省科学技术进步奖二等奖”、2017年“中国机械工业科学技术奖一等奖”、2017年“中国创新设计大会好设计金奖”。

大尺度多目标高精度动态立体测量系统

FAST主动反射面变位测量要求在野外500米尺度上对2225个节点实现2毫米定位精度的实时动态测量，并直接影响望远镜最终

的观测性能，因此提出大尺度多目标高精度动态立体测量方案。大尺度高精度实时测量系统弥补了精密工程测量领域在大尺度、多目标、高精度动态测量和计量在线检定的空白。

高灵敏复杂望远镜系统的电磁兼容措施

FAST在其观测频段是最灵敏的单口径射电望远镜，极易受到来自自身电气和电子设备的电磁干扰，电磁兼容设计和措施必不可少。为了减少来自望远镜自身设备的干扰，完成了望远镜及配套设施的电磁兼容综合设计和实施。关键设备如2225台促动器都是电磁兼容设计和施工；对于复杂系统如馈源舱，则采用双层屏蔽、刚柔结合、分别处理等措施，实现超出国家电磁屏蔽最高120分贝的屏蔽效能。所采用的电磁屏蔽措施可用于航空航天及舰船等高电磁兼容要求系统，显著提高了我国在相关领域的技术能力。

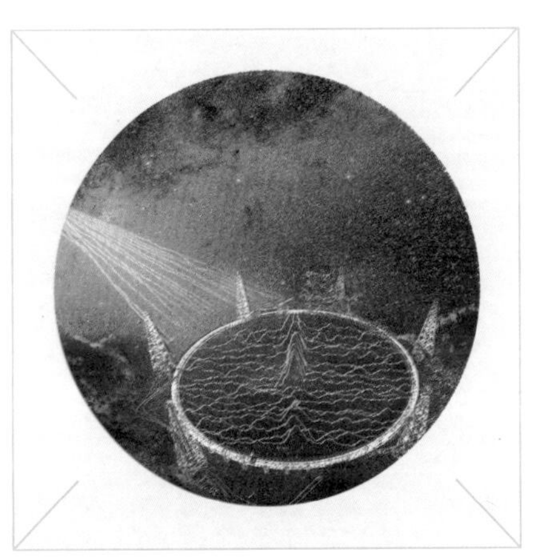

FAST口径500米，拥有约30个足球场大的接收面积，它将在未来10～20年保持世界一流设备的地位。随着FAST的落成启用，它将为天文学发展提供机遇。

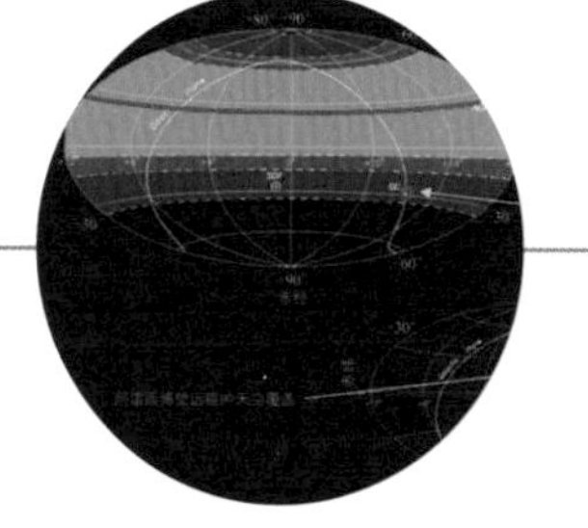

FAST的工作天顶角为40°，是美国阿雷西博望远镜的两倍。

1 世界之最

坐落于波多黎各喀斯特地貌中的阿雷西博望远镜，自1963年建成以来，在世界上接收面积最大的单口径射电望远镜的宝座上雄踞半个世纪之久。阿雷西博望远镜最初的口径为305米，20世纪70年代扩建至350米。

2016年9月，FAST取代阿雷西博望远镜成为新的射电望远镜之王。它凭借500米的口径，相当于30个足球场的接收面积，不仅在规模上创造了单口径射电望远镜的新世界纪录，而且在灵敏度和综合性能上，也登上了世界的巅峰。

与号称“地面最大的机器”的德国波恩100米望远镜相比，FAST的灵敏度提高了约10倍。如果天体在宇宙空间均匀分布，FAST可观测目标的数目将增加约30倍。与被评为人类20世纪十大工程之首的美国阿雷西博望远镜相比，FAST灵敏度提高了2.25倍。可以预见，FAST将在未来10～20年保持世界一流的水平，并将吸引国内外的顶尖人才从事相关的前沿科研课题，成为国际天文学术交流的中心。建在贵州洼地的FAST还将成为一道美丽的科学景观，促进西部经济繁荣和社会进步。

全新的设计思路，加之得天独厚的台址优势，使得FAST突破了射电望远镜的百米极限，开创了建造巨型射电望远镜的新模式。

FAST工程得到了国内外广泛关注，美国《科学》(*Science*) 和《自然》杂志多次对FAST工程进行报道。FAST入选《自然》评选的2016年重大科学事件。2016年12月，经过两院院士投票评选，“全球最大单口径射电望远镜在贵州落成启用”入选2016年中国十大科技进展新闻。

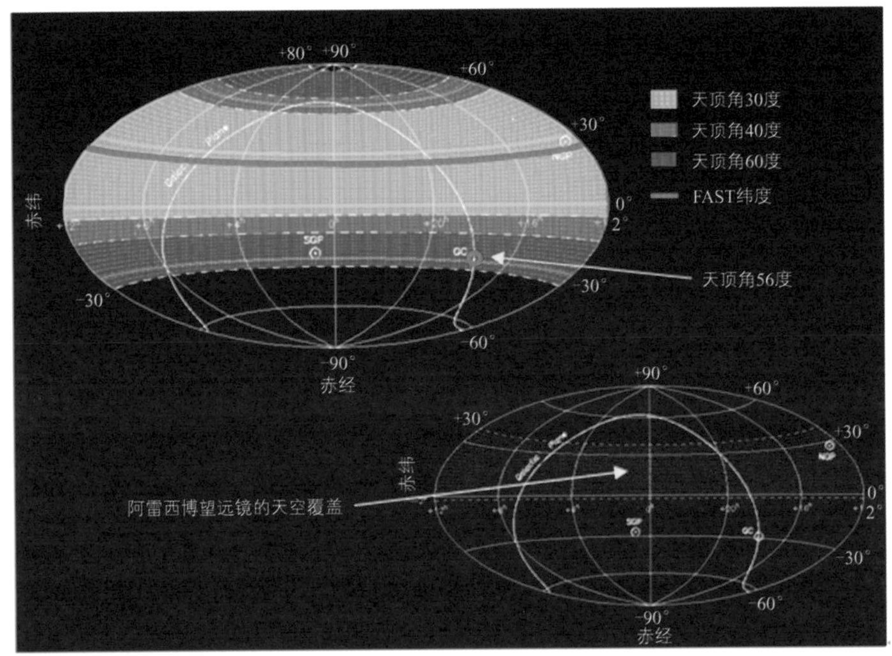

图4-1 FAST（左上）与阿雷西博望远镜（右下）天空覆盖的比较

2 发现新脉冲星

自2016年9月25日落成以来，中国科学院国家天文台牵头国内多家单位，在FAST科学和工程团队密切协作下，FAST已实现了漂移、跟踪、运动扫描、编织扫描等多种观测模式，调试进展超过预期及大型同类设备的国际惯例，并且已经开始实现系统的科学产出。

2017年10月10日，由中国科学院主持发布FAST取得的首批成果，包括6颗新脉冲星。其中第一颗编号J1859-01（又名FP1-FAST pulsar #1），自转周期为1.83秒，据估算距离地球1.6万光年，于2017年8月22日在南天银道面通过漂移扫描发现，2017年

9月12日由澳大利亚帕克斯望远镜认证。这是我国射电望远镜首次新发现脉冲星，这个成果得到了《新闻联播》《人民日报》《科技日报》《中国科学报》《经济日报》《光明日报》《中国青年报》《解放日报》《文汇报》以及“新华网”“人民网”“中国新闻网”“中国日报网”等众多权威媒体的报道与关注。“FAST首次发现脉冲星”入选中国科学院2017年年度科技创新亮点成果。“FAST发现多颗脉冲星”入选2017年国内十大科技新闻。

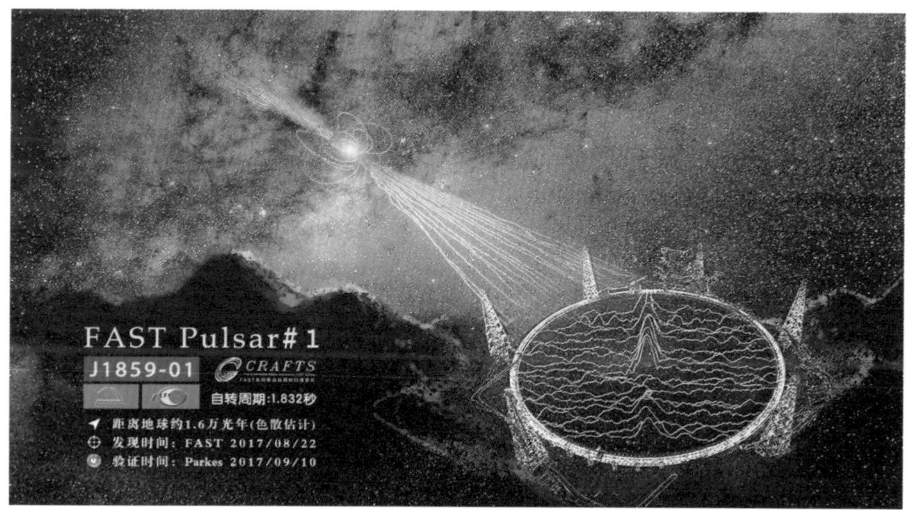

图4-2 FAST探测脉冲星效果图

搜寻和发现射电脉冲星是FAST的核心科学目标之一。截至2018年12月底，FAST已经观测到70颗脉冲星候选体，其中53颗被证实为新发现的脉冲星。在脉冲星发现领域，我们已经达到世界领先水平。这中间，有一颗是迄今高能脉冲星中射电流量最弱的毫秒脉冲星。世界其他大型设备都未能先于FAST搜索到其射电脉冲，充分体现了FAST在灵敏度上的优势。实现了中国望远镜脉冲星发现零的突破！

3 未来展望

天文学是孕育重大原创发现的前沿科学，也是推动科技进步和创新的战略制高点。FAST的落成启用，对我国在科学前沿实现重大原创突破、加快创新驱动发展具有重要意义。

银河系中有大量脉冲星，但由于其信号暗弱，易被人造电磁干扰淹没，目前只观测到一小部分。具有极高灵敏度的FAST是发现脉冲星的理想设备，FAST在调试初期发现脉冲星，得益于卓有成效的早期科学规划和人才、技术储备，初步展示了FAST自主创新的科学能力，开启了中国射电波段大科学装置系统产生原创发现的激越时代。在未来，FAST将有望发现更多守时精准的毫秒脉冲星，对脉冲星计时阵探测引力波做出原创性贡献。

图4-3 脉冲星

建成后的FAST将在日地环境研究、搜寻地外文明、国防建设和国家安全等国家重大需求方面发挥不可替代的巨大作用。它的建设与运行也将有利于促进我国西部的经济繁荣和社会进步，符合国家区域发展的总体战略。FAST的出现，使偏远的黔南喀斯特山区变成世人瞩目的国际天文学术中心，为向世界展现贵州提供了新的窗口。以FAST为主体的天文科普基地建设将推进我国的科普工作，培养青少年的科学创新能力，加大向公众与决策层的宣传力度，为科教兴国的长远战略目标服务。

FAST大事记

1994年6月　北京天文台设立大射电望远镜LT课题组，启动选址，开始了13年合作预研究。

1998年3月　FAST完整概念问世。

1998年4月　全国20家科研院所组建FAST项目委员会。

1999年3月　知识创新工程首批重大项目“大射电望远镜FAST预研究”启动。

2005年1月　国家自然科学基金交叉重点项目“巨型射电天文望远镜（FAST）总体设计与关键技术研究”启动。

2005年9月　顺利通过中科院组织的国家科技重大基础设施“FAST建议书专家评审会”。

2006年3月　中国科学院基础科学局举行“FAST项目国际评估与咨询会”，建议尽快立项建设。

2007年7月　国家发改委批复FAST工程正式立项。

2008年10月　国家发改委批复FAST工程可行性研究报告。

2008年12月　FAST工程奠基。

2009年2月	中国科学院、贵州省人民政府批复FAST工程初步设计和概算。
2011年3月	FAST工程正式开工。
2012年1月	973计划“射电波段的前沿天体物理课题及FAST早期科学研究”启动。
2012年12月	FAST台址开挖与边坡治理工程验收。
2013年10月	《贵州省500米口径球面射电望远镜电磁波宁静区保护办法》执行。
2013年12月	FAST工程圈梁钢结构顺利合龙。
2014年11月	FAST馈源支撑塔制造和安装工程竣工验收。
2015年2月	FAST索网工程完成。
2015年11月	FAST馈源舱（代舱）首次升舱成功，舱停靠平台通过验收。
2016年3月	中国科学院、贵州省人民政府联合批复FAST工程调整初步设计及概算。
2016年6月	FAST综合布线工程验收，馈源舱（正舱）主体完工。
2016年7月	FAST反射面单元完成吊装，FAST主体工程完工。
2016年9月	超宽带接收机安装成功，FAST完成首次脉冲星观测。
2016年9月	FAST工程落成启用。
2017年8月	FAST发现新脉冲星，实现中国射电望远镜脉冲星发现零的突破。
2018年2月	FAST首次发现毫秒脉冲星。

图书在版编目（CIP）数据

观天巨眼 ：五百米口径球面射电望远镜（FAST）/
南仁东主编. -- 杭州 ：浙江教育出版社，2018.12
中国大科学装置出版工程
ISBN 978-7-5536-8379-9

Ⅰ. ①观… Ⅱ. ①南… Ⅲ. ①射电望远镜－研究
Ⅳ. ①TN16

中国版本图书馆CIP数据核字(2018)第298548号

策　　划　周　俊　莫晓虹
责任编辑　高露露　江　雷　　责任校对　戴正泉　余理阳
美术编辑　韩　波　　　　　　责任印务　陆　江

中国大科学装置出版工程
观天巨眼——五百米口径球面射电望远镜(FAST)

ZHONGGUO DAKEXUE ZHUANGZHI CHUBAN GONGCHENG
GUANTIAN JUYAN——WUBAIMI KOUJING QIUMIAN SHEDIAN WANGYUANJING (FAST)

南仁东　主　编

出版发行　浙江教育出版社
　　　　　(杭州市天目山路40号　邮编:310013)
图文制作　杭州兴邦电子印务有限公司
印　　刷　杭州富春印务有限公司
开　　本　710mm×1000mm　1/16
印　　张　10
插　　页　2
字　　数　200 000
版　　次　2018年12月第1版
印　　次　2018年12月第1次印刷
标准书号　ISBN 978-7-5536-8379-9
定　　价　35.00元

网　　址　www.zjeph.com
如发现印装质量问题，请与承印厂联系。
联系电话:0571-64362059